U0230859

水凝胶的力学行为实验与数值表征及本构关系

汤立群　张泳柔　著

科学出版社

北京

内 容 简 介

本书介绍了水凝胶材料及其基本力学性能,指出该材料在力学实验表征中存在的问题;针对准静态单轴压缩提出了在空气和溶液环境中的试件体积变化测量方法;提出了一种针对水凝胶单轴拉伸实验的试件夹持技术,使测得的拉伸断裂应力更加可靠;完善了压入法和鼓泡法,使其能够表征软材料的黏弹性行为;针对超软材料在动态力学测试中存在的问题,发展了双子弹电磁驱动的霍普金森压杆系统;在发展实验表征技术的同时,提出了水凝胶的随机纤维网络模型和框架式模型,实现了对水凝胶宏观力学行为的细观机理探索;提出了可以表征水凝胶在多种环境和多种应变率条件下的力学行为的本构方程。本书对水凝胶准确的力学行为实验表征技术及细观机理研究具有相当的参考价值。

本书适合材料学、力学等相关专业的高校师生和科研人员阅读。

图书在版编目(CIP)数据

水凝胶的力学行为实验与数值表征及本构关系 / 汤立群,张泳柔著. —北京:科学出版社,2023.11

ISBN 978-7-03-076950-3

Ⅰ. ①水… Ⅱ. ①汤… ②张… Ⅲ. ①水凝胶－材料力学－实验
Ⅳ. ①TB301-33

中国国家版本馆 CIP 数据核字(2023)第 217276 号

责任编辑:郭勇斌 邓新平 张 熹 / 责任校对:高辰雷
责任印制:吴兆东 / 封面设计:义和文创

科 学 出 版 社 出版
北京东黄城根北街 16 号
邮政编码:100717
http://www.sciencep.com
北京建宏印刷有限公司印刷
科学出版社发行 各地新华书店经销

*

2023 年 11 月第 一 版   开本:720×1000 1/16
2024 年 5 月第二次印刷   印张:9 3/4
字数:154 000
定价:108.00 元
(如有印装质量问题,我社负责调换)

前　言

水凝胶是一种由水和三维网状结构的高分子材料组成的软物质，常用水作为分散剂。事实上，我们人体中的许多软组织和器官都可视为天然水凝胶。特别地，高含水率的水凝胶的弹性模量通常小于 1 MPa，因此它们可被认为是超软材料。自 2014 年起，我们课题组开始研究水凝胶材料。在深入研究的过程中，我们发现，许多通常被视为理所当然的力学行为表征方法，在面对水凝胶这类超软材料时存在可靠性和精度的问题，在动态、溶液等复杂环境下这些问题尤为突出。为了解决这些复杂问题，我们经过多年的努力发展了一系列实验技术，成功地对水凝胶从静态到动态、空气到生理盐水、人工脑脊液等溶液环境中的力学行为进行了实验表征。同时，我们建立了水凝胶的三维高分子网状结构模型，从微观和两相角度出发，实现了用单相三维网络结构来表征双相的水凝胶材料力学行为，并通过定量地解耦水和高分子网络在水凝胶变形过程中各自的力学行为，使我们能够更好地理解水凝胶的力学行为机理。基于实验和数值模型表征，以及对水凝胶三维高分子网络多维应变率特征的分析，我们提出了一个适用性广的超软材料本构方程。该本构方程包含溶液环境因素和应变率效应等，已被证实可用于描述多种水凝胶材料。

本书是课题组近年来一系列研究工作的总结，共分为六章。

第一章简要介绍了水凝胶材料及其基本的力学性能。

第二章介绍了水凝胶材料的准静态单轴压缩和拉伸等实验。针对水凝胶材料测试结果离散度大的问题，详细分析了离散产生的原因，并提出了在一定程度上有效降低离散度的方案。

第三章介绍了两种表征水凝胶黏弹性行为的实验方法——压入法和鼓泡法。提出了一种在压入实验中确定最佳加载速率的方法，使压入实验变得可靠。另外，对用于描述薄膜试件在鼓泡加载下的力学行为的经典球冠模型进行了改进，加入了对黏性的考虑，使其能够很好地预测薄片状水凝胶试件的力学行为。

第四章中详细介绍了本课题组设计的适用于超软材料的两套霍普金森压杆系统，

一套是适用于应变率区间在 500 s^{-1} 及以上的高应变率系统,另一套是适用于应变率区间在 100~500 s^{-1} 的中应变率系统。这两套系统均采用双子弹电磁驱动,杆件材料均为聚碳酸酯,不仅可以较精准地控制加载速率,而且即使是脑组织这种弹性模量仅在 kPa 量级的超软材料,也可测得清晰信号。利用这两套系统,实验研究了多种水凝胶的动态力学行为,展示了它们显著的应变率效应。另外,本书介绍了在动态条件下消除外界溶液环境对霍普金森压杆影响的方法,以获得材料准确的力学响应信号。

第五章从细观结构角度对水凝胶的强非线性行为进行了机理解释,主要介绍了用于表征水凝胶高分子网络结构的随机纤维网络模型和框架式水凝胶模型。随机纤维网络模型很好地模拟了水凝胶内高分子骨架的分布特征及其随荷载的变化;而框架式水凝胶模型则初步探索了水凝胶内水与高分子网络之间的相互力作用。另外,虽然随机纤维网络模型是单相模型,但课题组提出了一种由此单相模型分析表征双相水凝胶力学行为的方法。

第六章主要介绍了水凝胶的本构方程,该方程的特点在于可以反映应变率和溶液环境的作用。现已证明适合于描述多种水凝胶的力学行为。

本书的研究内容,得到了汤立群为负责人的国家自然科学基金面上项目"PVA凝胶材料的动态力学性能及实验测试技术与表征方法研究"和重点项目"溶液环境中高含水率超软材料动态力学性能的实验技术与表征方法",以及张泳柔为负责人的国家自然科学基金青年科学基金项目"溶液环境中水凝胶的本构关系及细观机理研究"资助。刘逸平教授、蒋震宇教授、刘泽佳副教授、周立成副教授、杨宝副教授在本书的科研工作中作出了大量的贡献。本书的研究也离不开谢倍欣、张泳柔、陈彦飞、陈俊帆、许可嘉、徐沛栋、张玉婷、丁榕、左泽宇、王辛源、倪萍和王敬谕等同学的努力。此外董守斌教授和黄泽涛同学为纤维网络模型建立做了基础性的工作。根据团队系列研究,汤立群规划了本书的结构与框架,张泳柔负责汇总与整理,两位合作完成此书。本书汇聚了课题组近十年来的研究成果,希望能为从事软材料力学相关研究的同行和研究生们提供参考与帮助。本书难免存在疏漏与不足,欢迎国内外同行提出宝贵的意见和建议,以便做进一步修改和完善。

汤立群

2023 年 9 月

符 号 表

A：即时面积

A_0：初始面积

$A_{network}$：网络整体的方向取向度

A_p：水凝胶中的高分子网络的有效作用面积

A_w：水凝胶中的水的有效作用面积

a_{el}：试件椭圆横截面的短半轴长度

B_n：压入实验中与压头形状相关的系数

b_{el}：试件椭圆横截面的长半轴长度

δh_{el}：试件两相邻横截面间的距离

C：SHPB 实验中杆材的弹性波速

c_{wb}：结合水在总水中占的比例

d：试件直径

d_0：框架式模型中，单根高分子纤维的初始横截面边长

d_b：框架式模型中，非加载方向上单根高分子纤维的横截面即时边长

d_c：框架式模型中，加载方向上单根高分子纤维的横截面即时边长

d_w：结合水与高分子纤维的最远距离

E：弹性模量

$E(t)$：水凝胶松弛模量

E_i：压入实验中压头的弹性模量

E_p：高分子纤维的弹性模量

E_r：压入实验中的折合模量

E_s：应变能

E_w：水的体积模量

E_∞：松弛模量

F：荷载

$\boldsymbol{F}$：变形梯度张量

$\dot{F}$：荷载的加载速率

F_m：压入实验中的最大压入荷载

$F_{NoSpecimenInWater}$：溶液环境 SHPB 实验中没有试件时的力响应

F_r：纤维单元的转动惯性力

$F_{SpecimenInWater}$：溶液环境 SHPB 实验中有试件时总的力响应

$F_{SpecimenInWater(Specimen)}$：溶液环境 SHPB 实验中有试件时试件的力响应

$F_{SpecimenInWater(Water)}$：溶液环境 SHPB 实验中有试件时溶液的力响应

F_t：纤维单元的平动惯性力

G：材料剪切模量

g：重力加速度

g_i：蠕变系数

H：溶液深度

h_0：试件初始高度

h：试件即时高度

h_d：试件挠度

h_i：压入实验中的压入深度

h_m：最大压入深度

h_s：试件到环境溶液上表面的距离

$J(t)$：剪切蠕变柔量

$J_T(t)$：拉伸蠕变柔量

K：体积模量

K^*：本构方程研究中的环境影响项

k：表征水凝胶加载方向和非加载方向水的有效作用面积比值与应变关系的参量

L_{bu}：SHPB 系统中子弹的长度

L_{in}：SHPB 系统中入射杆的长度

l_0：框架式模型中，单根高分子纤维的初始长度

l_b：框架式模型中，非加载方向上单根高分子纤维的即时长度

l_c：框架式模型中，加载方向上单根高分子纤维的即时长度

$m_{hydrogel}$：水凝胶试件质量

m_{dry}：水凝胶试件烘干后剩余固体的质量

p：压强

p_0：环境溶液的静水压

R：SHPB 杆的半径

r：试件即时半径

r_0：试件初始半径

r_c：压入实验中，最大压入深度下的接触半径

r_p：水凝胶中的固体含量

r_{water}：水凝胶试件含水率

r_{wb}：结合水含量

r_{wf}：自由水含量

$r_{w\text{-}lost}$：失水率

S：试件的侧表面积

T：温度

T_w：框架式模型中，虚拟膜在水的静水压下的拉力

t_i：特征时间

U：势能

V：试件即时体积

V_0：试件初始体积

V_{p0}：高分子网络的初始总体积

V_p：高分子网络的总体积

V_{w0}：水凝胶内水的初始体积

V_w：水凝胶内水的真实即时体积

V_{wm}：框架式模型中，单个鼓泡的体积

V_{wb0}：水凝胶内结合水的初始体积

V_{wf0}：水凝胶内自由水的初始体积

W_e：外力功

W：耗散功

W_{pd}：伪耗散功

W_p：高分子网络的应变能密度

β：压入实验中的修正系数

φ：速度势

$\gamma(w)$：波频散和衰减的传播系数

η：黏性系数

λ_i：试件在 i 方向的伸长率

v：材料泊松比

v_i：压入实验中压头的泊松比

v_p：高分子纤维的泊松比

ε：应变

$\dot{\varepsilon}$：应变率

$\ddot{\varepsilon}$：应变加速度

ε_I：SHPB 实验中入射杆和试件界面处的入射应变

ε_{pb}：框架式模型中，横向高分子纤维的轴向应变

ε_{pbs}：框架式模型中，横向高分子纤维的横截面应变

ε_{pc}：框架式模型中，纵向高分子纤维的轴向应变

ε_{pcs}：框架式模型中，纵向高分子纤维的横截面应变

ε_R：SHPB 实验中入射杆和试件界面处的反射应变

ε_T：SHPB 实验中试件和透射杆界面处的透射应变

κ：玻尔兹曼常数

ρ：材料密度

ρ_{bar}：SHPB 实验中杆件材料的密度

ρ_p：高分子纤维的密度

ρ_s：环境溶液的密度

ρ_w：水的密度

σ：应力

σ_b：水凝胶的拉伸断裂强度

σ_E：名义应力

σ_p：水凝胶内的高分子网络的应力

σ_{pb}：框架式模型中，横向高分子纤维的轴向应力

σ_{pc}：框架式模型中，纵向高分子纤维的轴向应力

σ_w：水凝胶内的水的应力

$\sigma_{w,static}$：水凝胶中的静水压

τ：松弛时间

υ：单位体积高分子网络中高分子链的数量

目　　录

第一章 绪 论

1.1 水凝胶材料

自从 Wichterle 等（1960）发表了合成 HEMA 水凝胶的开创性工作，近几十年来，水凝胶材料吸引了越来越多的科研工作者，涵盖了多个学科领域。截至 2022 年，在 Web of Science 上以 "hydrogel" 作为关键词可以搜索到 7 万多篇文献资料。

水凝胶主要由交联高分子网络和水组成，高分子的结构不溶于水，但可膨胀且具有保留大量水的能力。根据这样的定义，人体内的软组织大多可认为是水凝胶材料，如肌肉、眼角膜和软骨等。这些天然存在的水凝胶称为天然水凝胶。除生物组织外，天然水凝胶还包括明胶、透明质酸和壳聚糖等。与天然水凝胶相对的，不存在于自然中，由人工合成的水凝胶称为人工合成水凝胶。随着研究者们孜孜不倦地研究，近年来新颖且性能优异的人工合成水凝胶大量涌现，水凝胶的应用领域不断扩宽。如今，水凝胶已被应用于组织工程、药物传输、伤口敷料、智能传感、软体机器人等多个领域。

1.1.1 水凝胶的分类

除根据高分子来源可以分成天然水凝胶和人工合成水凝胶外，水凝胶还有多种分类方式。

例如，按照交联方式分类，可以分为物理交联水凝胶和化学交联水凝胶。物理交联水凝胶的高分子链是通过氢键、范德瓦耳斯力和缠绕等物理作用发生交联的，最大特点是交联可逆。化学交联水凝胶则相反，因为是通过化学键形成的交联，非常牢固，是不可逆的永久连接。

另外，根据聚合物成分分类，有均聚水凝胶、共聚水凝胶和多聚物互穿聚合物水凝胶。均聚水凝胶是由单一单体衍生成聚合物网络的水凝胶。共聚水凝胶的聚合物网络由两种或以上不同单体组成，且最少有一种亲水性组分。多聚物互穿聚合物水凝胶由两种独立的交联合成和/或天然聚合物组分组成，以网络形式存在。多聚物半互穿聚合物水凝胶中，一种组分为交联聚合物，另一种为非交联聚合物。

此外，按照对外界环境刺激的敏感性可将水凝胶分为传统水凝胶和智能水凝胶，外界刺激包括且不限于磁场、电场、光场和温度场等。环境敏感性使得智能水凝胶广泛应用于电子皮肤、柔性传感器和药物传输等领域。

除以上分类方式外，水凝胶还可以根据水凝胶上的电荷分为阴离子水凝胶、阳离子水凝胶和非离子水凝胶等。更多的分类方式在此不一一列举。总之，水凝胶材料种类繁多，可以满足多种不同的实际需求，切实有效地扩展了水凝胶材料的应用领域。

1.1.2　水凝胶的应用

2019 年全球水凝胶市场价值为 221 亿美元，预计到 2027 年将增长至 314 亿美元。水凝胶不仅应用价值高，应用前景好，而且应用范围广。

组织工程是水凝胶的一个重要应用领域。水凝胶可在人体组织或器官衰竭的修复、替换和再生治疗中，促进细胞的黏附、增殖和分化，同时输送细胞活动需要的营养物质和信号分子。不仅如此，水凝胶还对细胞起到了支撑和保护作用，而且在修复过程完成后能够被自然分解吸收，避免二次手术的风险和伤害。由此可见，水凝胶在组织工程领域的重要性不容忽视。

黏性强且生物相容性优异的水凝胶可以作为伤口胶黏剂替代传统缝合线。与传统的手术缝合相比，水凝胶具有不产生缝合伤口以免造成二次伤害，防止失血或渗漏体液，避免暴露以减少环境感染等显著优势（Liu et al., 2022），因此，水凝胶有望成为手术治疗中的重要工具。

智能水凝胶则具有成为传感器的潜力，具体的传感机制取决于它对外部刺激的感应。很多智能水凝胶会因内部的物理或化学变化而表现出吸水膨胀或失水收缩的宏观现象，引起变化的外部信号源可以是温度、pH、离子类型、离子浓度、湿度、气体、光场、电场、磁场，也可以是某些生物成分。鉴于许多水凝胶具备的优良生物相容性，对生物成分敏感的水凝胶在生物医疗领域备受关注。目前已经开发出了可检测到流感病毒、乙型肝炎病毒和西尼罗河病毒蛋白结构域Ⅲ（West Nile virus protein domain Ⅲ）等病毒的生物传感器（Pang et al.，2015；Whitcombe et al.，2011；Nguyen et al.，2009）。此外，基于壳聚糖和基于聚乙二醇的生物传感器被认为可以用于癌症的早期诊断（Shukla et al.，2013；Cui et al.，2016）。还有一些生物传感器可以检测到葡萄糖和胆固醇等小分子，以实现高血糖和高胆固醇等慢性病的早诊断，从而推进慢性病的早治疗。另外，易于发生大变形的水凝胶也很适合应用于监测运动时肌肉的变形，以降低运动损伤的发生概率。总之，可以期待智能水凝胶在健康监测、疾病诊断和环境安全等领域发展出更多的实际应用。

药物传输是智能水凝胶的另一个重要应用（Sun et al.，2020）。根据不同施药部位的特征，设计制备出具有不同响应能力的水凝胶，可以实现良好的靶向输药效果，有效提高药物治疗效率，降低全身毒性。例如，肿瘤组织通常具有缺氧、酸性和强通透性等特征，利用这些特征，可以使水凝胶在肿瘤组织位置实现精准药物释放，减少对正常细胞的影响。此外，利用体外刺激（如磁场、超声、光场、温度等）控制药物的释放也是一种高度可控的方法，可以有效提高药物释放的针对性和安全性。因此，智能水凝胶在药物传输领域的应用前景非常广阔，可以预见未来会有更多研究和创新。

亲水且可远程操控的特点使部分智能水凝胶成为软体机器人领域的潜力股。在水域环境中，智能水凝胶的优势更加明显，可以实现侦察、检测、海洋科学研究、水下数据传输等用途。不仅如此，水凝胶还可用于水生生物资源开发，如捕鱼、养殖等，另外也可起到保护环境和治理污染的作用。

除以上的应用领域外，水凝胶还在其他一些领域存在潜在应用价值。例如，在食品行业中，水凝胶可用于生产封装、热量控制和质地感知等方面（Li et al.，2021）。随着人们对食品安全和健康的关注不断提高，水凝胶有可能成为食品领域重要的工具。在新能源领域，水凝胶可以作为高性能的电解质材料，提高锂离子电池的性能和安全性。相比传统的液态电解质，水凝胶电解质具有更好的机械稳定性、耐高温、耐化学性和低燃性等优势。总之，随着科技的进步和人们对新材料需求的不断增长，水凝胶将会在更多领域得到开拓和发展。

1.2 水凝胶的力学性能

测试和表征水凝胶材料的力学性能对了解其在生物和生活场景中的力学行为至关重要。宏观上，我们的日常生活中软组织经常受到各种力的作用，例如，人在站立、走动时软骨会受到来自人体的压力，若是奔跑或跳跃，这压力值会更高；在运动和劳作时，肌肉会受到拉力；即使人躺着不动，心血管也有收缩压和舒张压；与外界交互时，也经常遭受碰撞、拉扯、跌倒等外源性荷载。细观上，人体细胞的生产、成型和迁移等生命过程都依赖于与细胞外基质（可视为一种天然水凝胶）的相互作用。因此，研究水凝胶的力学行为对我们了解自己的身体非常重要。此外，对水凝胶的力学性能进行测试和表征还能够为设计和开发新型医疗材料、器械，保护个人安全提供重要的指导。因此，力学性能测试和表征是研究水凝胶材料的一个重要方面，能够为材料应用和科学研究提供必要的支撑。

水凝胶种类繁多，不同的水凝胶之间必然存在一定差异。但它们有共同的细观结构特征：高分子网络和大量的水（人工合成水凝胶的含水率可达 90%以上，而人体脑组织含水率约为 85%，角膜含水率大致为 75%～80%）。共同的细观结构特征决定了它们存在普遍的共同特点：其一，压缩弹性模量普遍偏低；其二，力学性能表现出强非线性；其三，水凝胶的性质通常具有较高的可调性，改变水凝胶的交联度、单体配比即可对其力学性能有较明显的调节。

1.2.1 低弹性模量

由于水凝胶具有高含水率的结构特征，因此普遍呈现出质软的特点。如图 1.1 所示，人体中的部分天然水凝胶以及常见的人工合成水凝胶的弹性模量和破坏应力集中在 kPa 到 MPa 量级之间。这意味着，相较于其他材料，水凝胶的弹性模量较低且容易损坏。

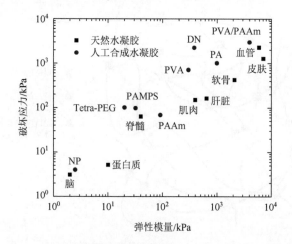

图 1.1 人体中的部分天然水凝胶和常见的人工合成水凝胶的弹性模量
和破坏应力所在量级示意图

1.2.2 强度增强和损伤表征

水凝胶中的高分子网络性能是决定其拉伸强度的主要因素。过去，低拉伸强度是阻碍人工合成水凝胶应用的重要原因之一。但是，近年来，研究者们提出了多种强度增强方案，在很大程度上缓解了这个问题。其中，双网络结构是比较著名的方案之一（Gong et al.，2003）。如图 1.2 所示，双网络结构通常由一个短链网络和一个长链网络组成，在外荷载作用下，短链网络首先被逐步拉开，随后通过和长链网络的交联牵动长链网络；当变形较大时，长链网络被直接拉扯，而短链网络则可能已有部分断裂，从而吸收了大量能量。这种设计可以有效地耗散能量，避免水凝胶脆性破坏，使水凝胶表现出高韧性。这一方案自被提出以来就受到了广泛关注和研究。通过进一步改进，如将短链网络和长链网络从化学交联改为物理纠缠，可进一步提升水凝胶的力学性能，使其同时具备优异的抗疲劳特性。除双网络结构外，将常规氢键换成强氢键，以及添加填充物等方法也可显著提升水凝胶的拉伸强度（Sun et al.，2012；Kim et al.，2021；Han et al.，2022）。这些改进方案的出现，让水凝胶在实际应用中更加可靠。

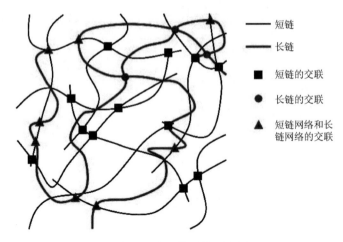

图 1.2　双网络结构示意图

　　水凝胶一般具有强烈的非线性力学行为，尤其是双网络水凝胶，其聚合物结构可能会发生非均匀变形和局部损坏。目前，对水凝胶损伤和断裂表征的研究仍停留在定性或（半）经验层面。研究人员通常将损伤机制引入到超弹性方程中来表征水凝胶的损伤情况。例如，Wang 等（2011）使用两个变量来描述材料拉伸弹性模量随拉伸变形的变化；Qi 等（2018）则在自由能密度函数中添加一个损伤变量，该损伤变量的具体形式根据改进的 Ogden-Roxburgh 模型而来（Long et al., 2015）；Zuo 等（2021）使用具有一定概率分布的连续多相网络模型描述拉伸断裂行为。然而，Xiao 等（2021）认为，基于单轴拉伸加载提出的水凝胶损伤模型，在预测双轴拉伸加载或剪切时可能会有明显偏差。因此，水凝胶的损伤与断裂表征研究仍有很大的发展空间。

1.2.3　力学性能测试实验

　　水凝胶材料已经经历了几十年的发展，种类繁多，对其进行过的力学性能测试不在少数。这些实验涵盖了常规的单轴拉伸、压缩、剪切，关注黏弹性性能的松弛、蠕变，以及压入、穿刺、疲劳和多轴加载等。可以说，现有的力学性能测试技术大多已在水凝胶材料上得到应用。在水凝胶的弹性模量、强度和损伤研究中，这些实验扮演着至关重要的角色。通过这些实验，我们可以证明水凝胶材料的基本性能已日渐满足应用需求，从而为水凝胶材料的实际应用奠定坚实基础。

然而，回顾并审视这些奠定理论和应用基石的实验，不难发现，实验结果总是存在较大的离散。同时，不同实验者之间的实验结果也可能存在量级上的差异。以脑组织为例，现今报道的脑组织弹性模量在 $1\sim100$ kPa，包含了两个数量级的差别，如此之大的差异，可能会对后续的创伤性脑损伤病理研究造成较大影响。因此，我们需要进一步探索影响实验数据的因素，明确实验的误差来源，提高实验准确性，以期能更好地应用这些实验结果。

实验数据存在的高度离散现象，固然与水凝胶细观结构不均匀和生物材料个体差异较大有关，同时也有实验技术细节未被重视的原因。与普通硬质材料相比，水凝胶的质软、质量易变、变形大等特征都需额外注意。例如，对于普通硬质材料，由于横截面积变化较小，可能没有特意区分名义应力与真实应力的必要，但对于水凝胶则不然。此外，水凝胶的黏性也会使压入实验中的压入速度对实验结果造成显著影响，因此有必要寻找最优压入速度以避免实验数据与真实值之间有无法接受的误差。还有，在使用传统霍普金森压杆进行实验时，水凝胶的低波阻抗容易导致信号微弱，从而增大实验误差，因此有必要对实验系统进行针对性的改进以提高实验精度。

总而言之，材料的力学性能测试实验是很多研究课题的基础，其结果的可靠性直接影响后续研究的正确性。与普通硬质材料相比，水凝胶的力学性能测试实验需要特别注意一些细节。本书旨在介绍这些需要额外关注的内容，希望能为从事软材料力学相关研究的同行和研究生们提供参考和帮助。

参 考 文 献

薛巍，张渊明，2012. 生物医用水凝胶[M]. 广州：暨南大学出版社.

Cui M，Song Z L，Wu Y M，et al.，2016. A highly sensitive biosensor for tumor maker alpha fetoprotein based on poly（ethylene glycol）doped conducting polymer PEDOT[J]. Biosensors & Bioelectronics，79：736-741.

Gong J P，Katsuyama Y，Kurokama T，et al.，2003. Double-network hydrogels with extremely high mechanical strength[J]. Advanced Materials，15（14）：1155-1158.

Han Z L，Wang P，Lu Y C，et al.，2022. A versatile hydrogel network-repairing strategy achieved by the covalent-like hydrogen bond interaction[J]. Science Advances，8（8）：abl5066.

Kim J，Zhang G G，Shi M，et al.，2021. Fracture，fatigue，and friction of polymers in which entanglements greatly outnumber cross-links[J]. Science，374（6564）：212-216.

Li J L，Jia X，Yin L J，2021. Hydrogel：Diversity of structures and applications in food science[J]. Food Reviews International，37（3）：313-372.

Liu X W，Yu H J，Wang L，et al.，2022. Recent advances on designs and applications of hydrogel adhesives[J]. Advanced Materials Interfaces，9（2）：2101038.

Long R，Hui C Y，2015. Crack tip fields in soft elastic solids subjected to large quasi-static deformation-A review[J]. Extreme Mechanics Letters，4：131-155.

Nguyen B T T，Koh G，Lim H S，et al.，2009. Membrane-based electrochemical nanobiosensor for the detection of virus[J]. Analytical Chemistry，81（17）：7226-7234.

Pang Y F，Rong Z，Wang J F，et al.，2015. A fluorescent aptasensor for H5N1 influenza virus detection based-on the core-shell nanoparticles metal-enhanced fluorescence（MEF）[J]. Biosensors & Bioelectronics，66：527-532.

Qi Y，Caillard J，Long R，2018. Fracture toughness of soft materials with rate-independent hysteresis[J]. Journal of the Mechanics and Physics of Solids，118：341-364.

Shukla S K，Mishra A K，Arotiba O A，et al.，2013. Chitosan-based nanomaterials：A state-of-the-art review[J]. International Journal of Biological Macromolecules，59：46-58.

Sun J Y，Zhao X H，Iiieperuma W R K，et al.，2012. Highly stretchable and tough hydrogels[J]. Nature，489（7414）：133-136.

Sun Z Y，Song C J，Wang C，et al.，2020. Hydrogel-based controlled drug delivery for cancer treatment：A review[J]. Molecular Pharmaceutics，17（2）：373-391.

Wang X，Hong W，2011. Pseudo-elasticity of a double network gel[J]. Soft Matter，7（18）：8576-8581.

Wichterle O，Lim D，1960. Hydrophilic gels for biological use[J]. Nature，185：117-118.

Whitcombe M J，Chianella I，Larcombe L，et al.，2011. The rational development of molecularly imprinted polymer-based sensors for protein detection[J]. Chemical Society Reviews，40（3）：1547-1571.

Xiao R，Mai T T，Urayama K，et al.，2021. Micromechanical modeling of the multi-axial deformation behavior in double network hydrogels [J]. International Journal of Plasticity，137：102901.

Zuo Z Y，Zhang Y R，Zhou L C，et al.，2021. Mechanical behaviors and probabilistic multiphase network model of polyvinyl alcohol hydrogel after being immersed in sodium hydroxide solution[J]. RSC Advanced，11（19）：11468-11480.

第二章　水凝胶静态力学行为的实验表征

准静态单轴压缩和拉伸是最基础的材料力学性能测试手段。力学系的学生大多在本科阶段即可接触到，且会使用低碳钢等金属进行准静态单轴加载的实验课程学习，可以说是两种成熟度最高、操作难度最低的力学实验技术。然而，对于水凝胶材料，由于质软、含水率高等特点带来的问题，即使是最成熟的测试手段，也有必要做相应的改进以降低实验数据的离散度，否则难以得到理想的结果。本章将从准静态单轴压缩开始，介绍水凝胶试件从制备到测试过程需要注意的事项，以期使实验数据更加可靠；然后，介绍一种可尽量避免水凝胶在单轴拉伸时断裂点出现在试件端部的方法，以期达到准确测量水凝胶拉伸断裂强度的目的；接着，介绍水凝胶在双轴拉伸荷载作用下的力学行为；最后，介绍了水凝胶在溶液环境中的准静态单轴压缩实验，初步探讨了溶液环境对水凝胶力学行为的影响。

2.1　PVA 水凝胶试件制备

正如第一章所述，水凝胶具有多种类型，不同水凝胶可能在力学行为上存在差异，而不同应用场景对水凝胶的力学性能要求也不尽相同。然而，它们都具备一些共同特征，如质软、对应变率敏感以及表现出强烈的非线性行为。因此，实验测试技术在不同水凝胶间也是通用的。本书主要以经典的人工合成水凝胶之一——聚乙烯醇（polyvinyl alcohol，PVA）水凝胶为例，介绍适用于水凝胶材料的实验技术和注意事项，以及分析和表征水凝胶背后机理的方法。

PVA 水凝胶最早由 Peppas 于 1975 年提出。由于其出色的生物相容性、亲水性以及在多种环境下的稳定性，PVA 水凝胶及其复合材料在生物医学领域得到了广泛应用。选择 PVA 水凝胶的一个重要原因是其制备方法已经非常成熟且相对简单，制作成本相对较低，非常适合用于大规模重复实验（Adelnia et al.,2022）。此外，以 PVA 为基础，目前已发展出了多种 PVA 基水凝胶，在多个领域具有广阔的应用前景。例如，通过添加磁性颗粒，可以制备用于微纳软体机器人的 PVA 基水凝胶；PVA/PA（植酸）水凝胶具有良好的黏附性，可作为电子皮肤的基底材料；而 PVA/PVP（聚乙烯吡咯烷酮）是一种优秀的辅料候选材料。

2.1.1　冻融法

PVA 水凝胶的交联方式包括物理交联和化学交联两类，其中化学交联可进一步分为辐射交联和化学试剂交联两种。虽然化学交联更易于保证试件的稳定性，且实验结果的离散度通常也更低，但采用物理交联法制备的 PVA 水凝胶不含毒性，生物相容性更好，更适合在生物医疗领域应用。另外，考虑到试验结果离散度是本书想要探讨的内容之一，所以此处选择物理交联法。冻融法是制备 PVA 水凝胶常用的物理交联方法之一，其关键在于通过反复冷冻-解冻的过程，使 PVA 形成长链，并且让这些长链通过氢键相互交联。

具体制作过程如图 2.1 所示：①根据试件需求，称取一定量的 PVA 粉末和一定量的去离子水；②将 PVA 粉末和去离子水混合并尽量搅拌均匀；③进行加热处理（通常 105℃），使混合液变成均匀透明的溶胶；④使用离心抽真空等方法去除溶胶内气泡，若气泡去除不彻底，试件成型后会在一定程度上影响试件的力学性

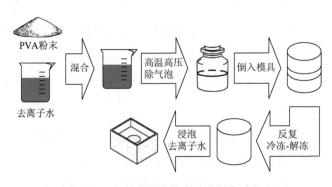

图 2.1　PVA 水凝胶的冻融法制作过程

能；⑤将无气泡的溶胶倒入事先备好的模具中，为避免热的溶液与冷的模具接触产生气泡，建议事先将模具加热到一定温度；⑥将模具放置到–25℃的温度中冷冻 x h，再在 25℃环境中解冻 x h，如此循环至少 6 次；⑦从模具中取出已成型的试件；⑧用去离子水浸泡试件，且每天至少更换去离子水两次，直至试件溶胀平衡。至此，试件制作完成。第六步中的 x h，理论上只要确保试件能够被完全冷冻和完全解冻即可，不过出于实际操作方便的考虑，建议 x 取 12，即假设早上 9 点开始冷冻试件，则晚上 9 点开始解冻试件，第二天早上 9 点再次冷冻试件，如此重复。冷冻温度、冷冻时间、解冻速率等因素对 PVA 水凝胶的性能都有重要影响（Stauffer et al.，1992；Figueroa-Pizano et al.，2018；Lozinsky et al.，2000），用于重复实验的试件应尽量统一这些制备参数。冷冻-解冻循环次数为 6 次是参考了 Holloway 等（2013）的研究，他们认为，6 个循环后循环次数对 PVA 水凝胶的力学性能影响较小。

2.1.2　试件制备注意事项

大多力学实验测试要求试件形状规则，表面平齐，以保证测试结果的准确性。对于一般的硬质材料，这个要求相对容易满足，可以通过切割、打磨等方法达成，在准静态实验中还可借助万向头等工具确保试件被加载端面与试验机贴合。但对软材料而言，由于试件非常容易变形，万向头等工具基本不起作用，而切割、打磨等方法也只有在试件被彻底冷冻后才起效，实际操作非常麻烦。

针对这一问题，目前最普遍采用的方法是：先制作一片长宽较大，厚度较薄的材料，再用切刀或激光在薄片上割下需要的试件形状。由于厚度较薄，试件侧面可以认为足够平整光滑。但这种薄试件只适用于拉伸实验，而不适合压缩实验，因为试件过薄容易使试件与试验机之间的摩擦变得无法忽略，严重影响实验结果。通常，在进行准静态单轴压缩实验时，为确保实验可靠性，试件的高度-直径比被要求不能过小，例如，对于金属材料，高度-直径比一般设为 1.5∶1。

然而，对于水凝胶材料，过高的高度-直径比又容易带来另外的问题——试件很容易出现屈曲甚至倒塌，如设为 1.5∶1 已经属于过高的比值。容易屈曲一方面是因为材料弹性模量较低；另一方面可能是因为试件内部存在一些难以完全避免的缺陷，如微气泡，致使试件内部受力不均，变得更容易发生弯曲。本书作者对比了数种不同高度-直径比的试件，最终推荐高度-直径比取 1 : 1。在这种比值下，端面摩擦对实验结果的影响不会太大，试件也不易出现屈曲。不过在这种比值下，再通过切割薄片的方式获取试件显然是不合适的。

　　另外一种常见的试件形状控制方法是让试件直接在模具中成型为需要的形状。这方法操作简单，可实现性强，但有几个需要注意的地方。第一，模具的制作材料最好与水凝胶之间没有黏附力，同时模具需要被设计得易于拆卸，以免在取出试件时对其造成伤害。第二，若制作的试件尺寸过小，试件可能会存在交联不均匀的情况，因为在交联形成时，聚合物链没有足够的运动空间。第三，模具自身需要足够光滑、平整，且有足够硬度，因为在冷冻过程中水凝胶体积会膨胀，给予阻止它变形的模具以较大的压力。出于对以上三点的考虑，2.2 节中使用的圆柱形试件直径和高度均不小于 10 mm。所用模具如图 2.2 所示，共分为上盖、柱身和下盖三个部分。上盖和下盖通过螺纹与柱身连接，拆除方式比较简单，有利于轻松取出试件，同时也有很好的防止溶胶从内部流出的效果。模具采用不锈钢制作，不易发生变形，且与 PVA 水凝胶之间不会产生黏结。以目前的金属加工工艺，基本可以保证模具内部的光滑平整度。另外，模具表面做了防滑处理，可以使模具的组装和拆卸操作更加轻松。

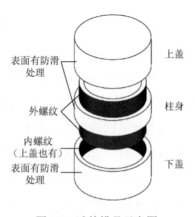

图 2.2　试件模具示意图

　　然而，即使模具足够光滑、规整，试件在去离子水中浸泡时也有可能因材料不够均匀而在上下表面产生一些小凹凸。这些小凹凸会使试件的实际受力面积小于设计值，导致加载初期的应力计算不准确，应力-应变曲线前端数值偏小且出现一个明显的小转折，如图 2.3 所示。这段不合理数据对应变具体数值的影响很大，从而导致不同试件的实验结果存在较大离散。因此，有必要去除这段数据。通常来说，曲线前端转折点是试件表面基本与实验加载平台完全接触的时刻，除非试件表面凹凸不平的情况特别严重，但使用规整模具制作出来的试件一般不会出现这种情况，所以可以认为这个转折点才是真正的应力-应变曲线起始点，即这点的应力和应变真实值应为零。根据这个原则，可去掉曲线前端不合理数据，将转折点平移到原点。通常，处理后可显著地降低实验数据的离散度。

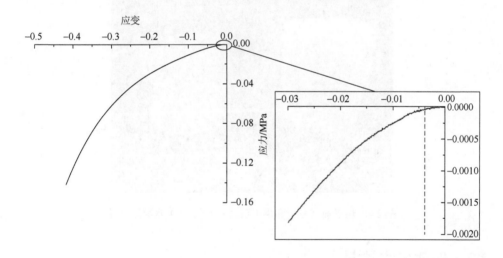

图 2.3　实验曲线前端不合理转折

2.1.3　含水率测量

　　已有许多研究表明，水凝胶的含水率对其力学性能影响非常显著。虽然在制作水凝胶时使用的都是相同的材料配比，但可能在保存过程中因蒸发等原因使试件含水率发生变化，从而导致实验时用的试件含水率不一致。这往往是造成水凝胶材料力学测试数据离散度高的原因之一。为了尽量减小实验误差，有必要对每个试件的含水率都进行测量，并挑选与目标含水率相近的试件的结果作为有效数据。

　　试件含水率的测量方法比较简单：①实验前先称量试件质量，记录下来，标记为m_{hydrogel}；②进行压缩、拉伸、剪切等实验测试；③实验后将试件烘干，再称量剩余固体的质量，标记为m_{dry}；④计算试件的含水率r_{water}，计算公式如式（2.1）。图 2.4 展示了烘干前后的 PVA 水凝胶试件。一般来说，真实含水率与预期值相差 $\pm1\%$范围内是可接受的，若超过这个范围，则有可能导致实验结果的离散度有明显提升。

$$r_{\text{water}} = -\frac{m_{\text{dry}} - m_{\text{hydrogel}}}{m_{\text{hydrogel}}} \times 100\% \qquad (2.1)$$

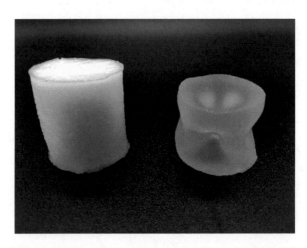

图 2.4　烘干前（左）和烘干后（右）的 PVA 水凝胶试件

2.2　加载失水测量

　　上一节中介绍了 PVA 水凝胶的制作方法以及试件准备需要注意的事项，这些注意事项不仅针对 PVA 水凝胶，对其他水凝胶同样适用。接下来，将从力学实验中非常基础的实验之一——准静态单轴压缩开始，介绍水凝胶材料的独特之处。

2.2.1　实验方法

　　准静态单轴压缩作为基础的力学实验之一，实验技术已经非常成熟，此处无须介绍其实验原理。但针对水凝胶材料，除前面提及的试件平整度和试件含水率需要额外注意外，加载失水现象也需要关注。所谓加载失水现象，是指在受到压缩荷载后，包括 PVA 水凝胶在内的部分水凝胶会出现水凝胶内的水分被挤压出试件的现象（Zhang et al.，2017，2018；Urayama et al.，2008，2012；Vervoort et al.，2005）。

因为被挤出的水分会带来部分应力释放，所以加载失水可以降低水凝胶的应力。另外，若将卸载后的试件重新浸泡在溶液中，试件有可能完全恢复。因此，在某些应用场合，加载失水有可能是有利现象。当然，不同水凝胶的失水能力和恢复能力并不相同。

对于本构表征，加载失水通常会增大表征难度。这是因为，一方面，一般而言，水凝胶的含水率越低，同一应变下的应力值越高，而加载失水实时降低水凝胶的含水率；但另一方面，失水造成的应力释放会拉低水凝胶表现出来的宏观应力值。也就是说，加载失水的影响体现在两个方面，且这两个方面同时发生、效果相反。为了更好地了解加载失水的作用，有必要通过实验测得含水率随应变变化的曲线。

然而，在加载过程中直接测量试件的质量变化是比较困难的。也不能采取加载到一定应变后卸载取出试件去称量的办法，因为卸载的同时，原本已经流失但在试件四周的水分有可能会被重新吸收。使用纸巾之类的吸水性物品擦拭试件表面再称量吸水物品的质量同样不妥，因为试件内部的水也可能被一同吸出。目前，研究者普遍认为最可靠的方法是使用体积代替质量作为评估加载失水的量化值。当然，使用体积代替质量的前提是水凝胶的含水率较高，唯有水凝胶内水的体积占比远大于固体的占比时，这个替代的误差才可忽略。另外，这个替代方案还包含了水的体积不可压缩这一假设。水的体积模量在 GPa 量级，相比加载时水凝胶试件能达到的应力，这个假设一般能够成立。

试件体积的在线测量可以使用数字图像法。数字图像法的优点是非接触，对实验加载没有影响，同时可以快速地记录试件的形变信息。由于是准静态单轴压缩测试，应变率仅有 0.001 s^{-1}，因此使用普通相机即可。当然，照片分辨率越高，试件占照片比例越大，后期计算体积的精度也会越高。

　　理论上，试件为圆柱形，只要知道任意一个垂直于轴向的横截面面积即可使用圆柱体体积公式求算试件的体积。然而，并不一定每个试件都是均匀体，例如，试件中存在小气泡，则试件有可能发生非均匀变形。当然，若畸形变形比较严重，该试件的数据应不予采用。但即使没有明显畸形变化，根据经验，在压缩过程中，试件也不一定能一直保持为一个严格的旋转体，使用计算旋转体的方法计算试件体积，很容易引入一定误差。因此，此处推荐使用双相机来记录试件变形。双相机不仅能在后期处理时帮助剔除发生不合理变形的试件，同时也可通过将试件横截面视为椭圆而提高计算精度。双相机的摆放如图 2.5 所示，两相机呈 90°拍摄试件，同步记录试件变形。

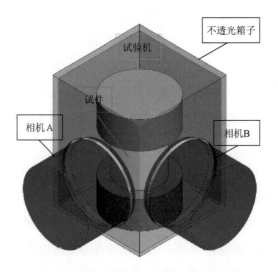

图 2.5　使用双相机对试件的体积进行测量

　　照片中试件的边界清晰度无疑会对体积计算的准确度产生直接影响。但在拍摄过程中，由于光线、空气中的悬浮颗粒等因素的干扰，很容易造成试件边界模糊，尤其是试件与加载台接触的上下边界。针对这一问题，这里推荐使用荧光粉增强方法，但该方法仅适用于在空气环境中的实验，具体操作如下：①在试件表面涂一层薄的荧光粉，荧光粉需在事前有充足曝光。水凝胶通常带有一定黏性，靠自身黏性即可固定粉末。需注意的是，荧光粉涂层不可过厚，过厚不仅会明显增加试件直径，且有可能在加载过程中脱落；②用不透光箱子将试件和镜头置于黑暗环境中，涂有荧光粉的试件成为该环境中唯一光源，从而达到在照片中突出试件边界的效果。另外，不透光箱子还起到减小试件周围空气流动的作用，可有效降低试件水分蒸发速度。水分蒸发同样是一个造成实验数据离散度高的重要原因，若不使用箱子阻碍空气流动，也应使用加湿器等工具尽量减少其影响。

　　照片需要进行图像处理，处理步骤如图 2.6 所示：①将照片进行灰度化处理；②根据梯度变化特征识别试件边界；③去除多余图像噪声。前两个步骤可使用 MATLAB 软件中的 "rgb2gray" 和 "edge" 函数完成，且容易实现批量处理。但每张图像上的图像噪声数量和位置都可能差别很大，编写程序批量处理后，还需进行逐一检查，必要时需手动完善，以避免对后续计算的准确性产生影响。

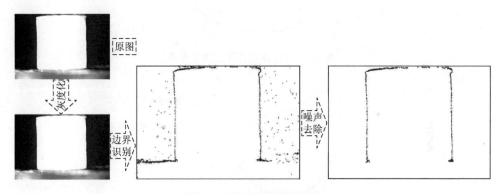

图 2.6　试件图像处理步骤

　　试件体积的计算方法如图 2.7 所示。如前面所述，试件可能并不是严格的旋转体，将试件的每个横截面视为椭圆而非圆形可以在一定程度上提高计算精度。当然，准确捕捉真实的椭圆长、短轴所在纵向截面是比较困难的事情，因此默认两个相机拍摄到的截面即为长、短轴对应的截面。标记椭圆的短半轴为 a_{el}，长半轴为 b_{el}。再记录两个相邻横截面间的距离为 δh_{el}，δh_{el} 一般等于一个像素。那么，根据椭圆面积计算公式可得每个横截面的面积，面积与高度相乘再累加，得到试件的体积，具体计算公式如下：

$$V = \sum \delta h_{el} \cdot \pi a_{el} b_{el} \tag{2.2}$$

图 2.8 是上面介绍的横截面积计算方法存在最大误差的情况，即试件的真实横截面长、短轴与照片记录的长、短轴呈 45°夹角。但根据实际经验，这种情况造成的误差一般小于 2%，毕竟即使试件不是严格的圆柱体也比较接近圆柱体。相对于简单地将横截面视为圆形，以任意一个纵向截面的数据作为直径进行体积计算，这种方法可以很好地提高试件体积变化测量精度。

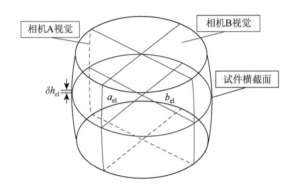

图 2.7　试件体积计算方法示意图

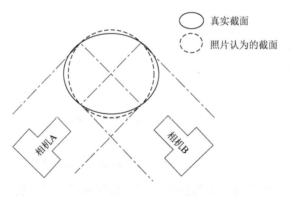

图 2.8　试件横截面积计算方法出现最大误差的情况

2.2.2　测量结果

在加载应变率为 $0.001 \ \mathrm{s}^{-1}$ 的条件下，本节对三种尺寸大小的 PVA 水凝胶试件进行了准静态单轴压缩实验。试件的含水率约为 85%。所有试件的高度-直径比均为 1：1，但直径分为三种：30 mm、20 mm 和 10 mm。图 2.9 展示了它们的真实应力-真实应变以及体积变化率-真实应变曲线。体积变化率是试件即时体积 V 与初始体积 V_0 的比

$$J = \frac{V}{V_0} \tag{2.3}$$

在本章中，为了方便区分压缩和拉伸，均以压为负，以拉为正，即负的应变代表压缩应变，其他类似。

　　2.2.1 节介绍了计算试件任意横截面面积的方法，将各横截面面积求平均，即可认为是该时刻试件整体的横截面积 A。从图 2.9（b）可知，水凝胶试件的体积变化并不大，也即泊松比接近 0.5，所以在应变较大时，即时面积 A 与初始面积 A_0 的差距不容忽视。Karimi 等（2014）也指出，不同的应力、应变定义对软材料的实验结果有可能存在较大影响。因此，使用真实应力(F/A)来描述水凝胶的力学行为比使用名义应力(F/A_0)更为合理。

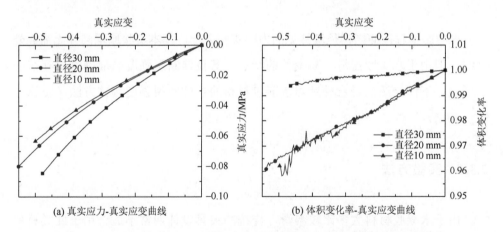

(a) 真实应力-真实应变曲线　　　　　　　　(b) 体积变化率-真实应变曲线

图 2.9　空气环境中的 PVA 水凝胶（含水率约 85%）准静态单轴压缩实验结果
（Zhang et al.，2022）

　　从图 2.9 容易发现试件尺寸对真实应力-真实应变曲线有着显著影响。由于所有试件的高度-直径比一样，而且在实验前已在试件上下两个端面涂抹润滑油，所以这种差异是由试件端面和加载平台间的摩擦造成的可能性较小。也就是说，这应该是材料自身具备的尺寸效应。这种尺寸效应在宏观均质材料中是比较独特的，

很可能与水凝胶材料的加载失水现象有关。

再仔细对比图 2.9（a）和（b）不难发现，应力值的高低与体积变化率的大小大致呈相反的发展趋势。也就是说，体积变化越大，相应的应力值越低，这与加载失水会带来应力释放的想法相吻合。尺寸效应很可能是加载失水带来的一个表观现象：体表比（体积与表面积的比值）高的试件失水速率较低，应力值则相对较高；反之，应力值较低。另外，也容易发现，无论是真实应力还是体积变化率，它们与试件尺寸之间的关系都是非线性的。因此，可以合理推测，加载失水速率的影响因素不仅有试件尺寸，它是多种因素共同作用下的综合效果。但其他因素需要更多的研究工作来挖掘。

基于尺寸效应现象，我们可以得到一个启示：若在应用中希望利用加载失水这一水凝胶特性，设计时最好尽量降低其体表比。

2.3　单轴拉伸测试

准静态单轴拉伸同样是最常见的力学实验之一，基本实验原理同样无需额外介绍。但由于水凝胶湿滑、易变性的特点，其拉伸断裂强度的准确测试存在一定困难，下面介绍的是一种针对水凝胶材料的拉伸断裂强度测试方法（张泳柔等，2017）。

2.3.1　实验方法

由于水凝胶材料大多比较湿滑，传统的夹具设计通常不适合用于此类材料（Oka et al.，2004）。目前普遍采取的方法是将水凝胶试件两端粘贴在两片硬质板上，再采用传统的固定方法将硬纸板固定在实验机上。若单纯测量材料的拉伸应力-应变数据，这种方法是可行的，且操作简单。但若需要测得材料的拉伸断裂强度，则可能存在一定问题。因为如果没有预先在试件上制造缺口，断裂位置很可能会出现在水凝胶和硬质板的粘贴交界处，导致测试结果不准确。

这里介绍另外一种测试方案。这种测试方案的核心在于将传统的"夹"或"粘"

改为"挂",关键在于试件的形状设计。如图2.10所示,试件形状为"回"字形,并且两端加粗,与"挂钩"接触。使用时,"挂钩"合并,试件被"挂钩"固定,再用传统方法将"挂钩"固定于试验机上,试件即被"挂"起。由于试件材料均匀,形状对称,因此试件左右两边受力相同。

这种方法的优点在于,可以减少两个固定端对试件的影响,使断裂点有可能出现在试件中部,测得的拉伸断裂强度比较可靠。

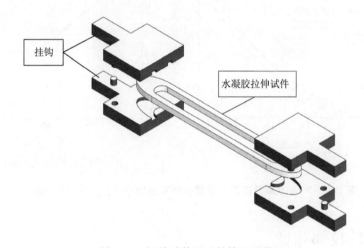

图2.10 拉伸试件及"挂钩"形状

2.3.2 测试结果

使用上述免夹持方法,本节对含水率分别为73%、78%和86%的PVA水凝胶进行了准静态单轴拉伸测试。由于水凝胶可实现的拉伸变形较大,若和准静态单轴压缩一样采用0.001 s^{-1}的应变率,则实验时间过长,容易因水分蒸发带来误差,因此采用0.01 s^{-1}的应变率。另外,过大的变形也使拍摄记录变得困难,因此此处采用的是名义应力、应变,而非真实应力、应变。

测试结果如图2.11所示,含水率对应力值和拉伸断裂强度均有明显影响。含水率越低,同一应变下的应力值越高,拉伸强度也越大。另外,容易发现,PVA水凝胶的拉伸断裂强度与含水率的关系接近线性,拟合可得经验公式

$$\sigma_b = -7.27 r_{\text{water}} + 6.5046 \tag{2.4}$$

根据经验公式（2.4），当$\sigma_b = 0$时，试件含水率约为89.47%。而PVA水凝胶的最高含水率约为95%，也就是说，当含水率高于95%时，材料无法成型为固体。而含水率在90%~95%时，PVA水凝胶虽能成型，但非常脆弱，极易损坏。因此，经验公式认为含水率到达约90%时，拉伸断裂强度为0，是具有一定合理性的。

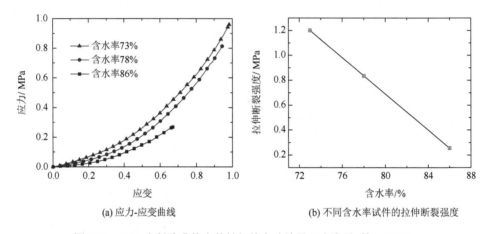

(a) 应力-应变曲线   (b) 不同含水率试件的拉伸断裂强度

图2.11 PVA水凝胶准静态单轴拉伸实验结果（张泳柔 等，2017）

2.4 双轴拉伸测试

相比单轴荷载，水凝胶在实际应用中往往处于多个荷载作用下的复杂状态，因此仅以单轴实验研究水凝胶的力学性能显然是不足够的。为了更好地研究水凝胶在复合荷载作用下的力学行为，本节介绍了双轴拉伸实验。双轴拉伸是一种常用的复合加载方式，十分适合用于水凝胶的力学性能研究。

2.4.1 实验方法

双轴拉伸一般采用"十"字形薄膜试件，实验时夹具固定住试件四端，同时在四个方向对试件施加荷载，如图2.12所示（Katashima et al., 2012；Fujine et al., 2015；Gao et al., 2020）。试件4个端部的应力状态其实一般比较复杂，而且与双轴拉伸相比，更接近于单轴拉伸，唯有试件中部区域是值得关注的。由于实验仪器的限制，试件尺寸一般不会太大。此处采用的试件总长为 80 mm，夹持部分长 17.5 mm，而中间目标部位长 45 mm，为了防止应力过分集中，夹持部分和目标部位连接处切割成半径为 5 mm 的圆弧，试件厚度仅有 0.5 mm。如此薄的试件很容易因为制作过程中有少量气泡没被清除而导致实验数据离散，但受限于实验仪器，仅能通过多次重复实验并剔除异常数据的方法来保证实验结果的可靠性。

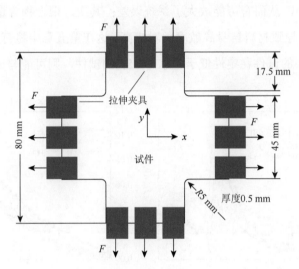

图 2.12　双轴拉伸测试的试件尺寸及加载方式示意图

2.4.2　测试结果

下面展示 PVA 水凝胶在三种不同加载比例下的双轴拉伸实验结果（Ding et al.，2021），加载比例分别为等比例的 1∶1 以及不等比例的 1∶2 和 1∶3。x 方向的加载应变率一直保持为 0.007 s^{-1}，而 y 方向的则对应为 0.007 s^{-1}、0.014 s^{-1} 和 0.021 s^{-1}。每组实验都包含了多个试件的实验结果，以展示数据的离散度，特别异常的实验数据已被剔除，图中均为正常的数据。

等比例加载时，x 和 y 两个方向的受力相同，若试件均匀性较好，两个方向的应力-应变曲线也会有较好的重合度，如图 2.13 所示。试件裂纹一般从端部开始，然后随机发展，但基本不会穿过试件中心。

在前面的压缩实验中提到，水凝胶材料的真实应力和名义应力之间存在较大差异，使用真实应力更为合理。然而，对于双轴拉伸实验，由于试件厚度的变化难以准确测量，即使有测量结果也会存在较大误差，因此这里使用的是名义应力-名义应变曲线，而非真实应力-真实应变曲线。

与含水率为90%的试件相比，含水率略低的85%试件和80%试件明显表现出了更好的稳定性。这可能有两方面原因：首先，试验机测得的含水率为90%的试件的应力值偏小，从而有可能放大了系统误差；其次，聚合物含量低的网络更容易分布不均匀，导致材料自身离散度相对较高，这在第五章中将有更详细的讨论。至于含水率80%的试件稳定性低于含水率85%的试件，则可能与试件太薄有关。

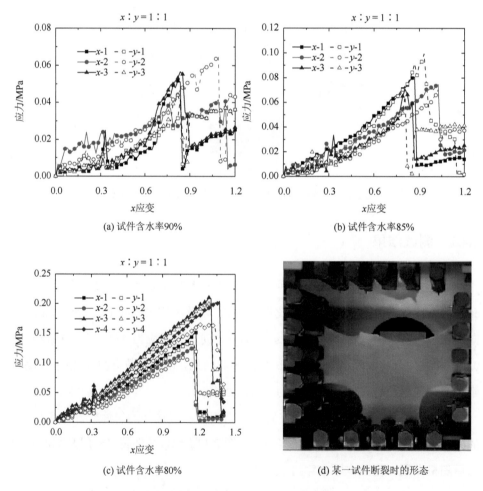

(a) 试件含水率90%

(b) 试件含水率85%

(c) 试件含水率80%

(d) 某一试件断裂时的形态

图 2.13　PVA 水凝胶等比例双轴拉伸应力-应变曲线（丁榕，2021）

试件的制作方法如 2.1 节中所述，为了保证试件端面平整，会将溶胶倒入模具中直接成型为需要的形状，而这里的试件厚度仅有 0.5 mm，过小的空间会使高分子在厚度方向上非均匀成链，高分子含量越高，发生不均匀的概率也越高。试件在厚度方向上不均匀，其实验结果也就呈现出高离散度。

图 2.14 和图 2.15 分别展示了 PVA 水凝胶 1∶2 和 1∶3 两种比例双轴拉伸的实验结果，试件同样包括了 90%、85% 和 80% 三种含水率，每组实验都有多个被认为可靠的实验数据。与上面等比例的双轴拉伸相比，不等比例双轴拉伸的破坏形式同样从端部开始，但表现出了一定的趋向性，会穿过试件中心部位，与 x 轴即加载应变率较小的方向近似平行。

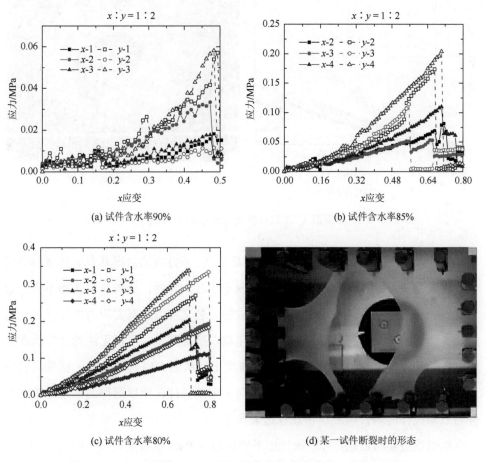

图 2.14　PVA 水凝胶 1∶2 双轴拉伸的应力-应变曲线（丁榕，2021）

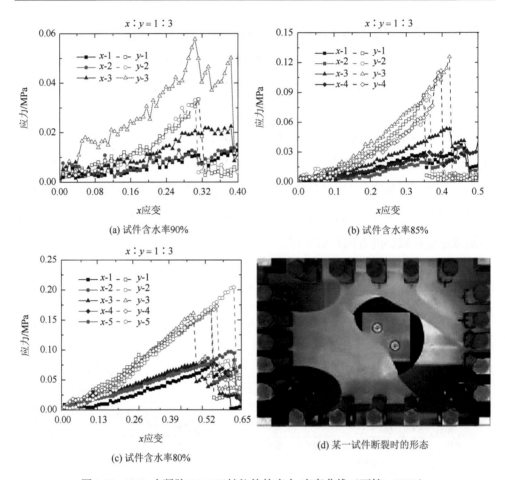

图 2.15　PVA 水凝胶 1∶3 双轴拉伸的应力-应变曲线（丁榕，2021）

　　将 x 方向数据与 y 方向数据对比，容易发现，y 方向的数据具有更显著的非线性。也就是说，PVA 水凝胶在宏观上表现出了各向异性，这与普遍认知不符。关于这点，有可能是因为使用名义应力造成的，名义应力与真实应力之间存在一定差距，但遗憾的是，横截面积的即时变化难以准确测量，所以无法通过实验直接验证。另外，也可能与实验设计有关。事实上，从图 2.12 可以看出，试件只有中间区域受双轴拉伸荷载作用，端部更倾向于单轴拉伸，所以测得的结果是单轴拉伸与双轴拉伸的耦合响应，导致看起来异常。

　　根据这些实验曲线，可以统计出不同状态下 PVA 水凝胶的拉伸断裂应力，如图 2.16 所示。虽然在 2.3.1 节中提过，从试件端部开始破坏的拉伸断裂应力可靠度不高，但仍然有一定的参考价值，尤其是它们之间的相对大小关系。容易发现，相同工况下，含水率越低，拉伸断裂的米泽斯（Mises）应力越高，这与预期相符。而对于同一种水凝胶而言，Mises 应力随着 y 方向加载应变率的增大而呈现出先增大后减小的变化趋势。这是因为，非等轴加载时，y 方向上更高的加载应变率，不仅使 y 方向的高分子纤维承受更大的荷载，同时也导致试件在 y 方向上有更大的变形，于是水凝胶内的高分子纤维更多地趋向与 y 方向平行，增强了试件在 y 方向的受拉能力。所以，即使更高的加载应变率增大了部分高分子纤维发生断裂的概率，整体的断裂应力依然得到了提升。但这种高分子纤维的方向趋向性是有一定极限的，当 y 方向加载应变率与 x 方向加载应变率比值较大时，高分子纤维趋向性不再有明显改变，但加载应变率提升所带来的部分高分子纤维更容易断裂的影响却依然存在，于是导致试件整体上的受拉能力下滑。

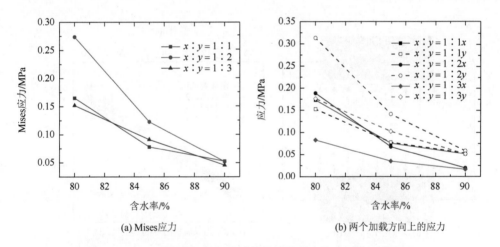

(a) Mises应力   (b) 两个加载方向上的应力

图 2.16 PVA 水凝胶双轴拉伸时的拉伸断裂应力（丁榕，2021）

2.5 溶液环境中的力学行为

以上几个实验均是在空气环境中进行的。然而，人体内的天然水凝胶（即部分软组织）和准备应用于生物医疗领域的人工合成水凝胶通常会一直浸泡在生理溶液环境中。因此，在溶液环境中进行实验更能准确反映水凝胶在实际场景里的力学响应。本节将通过实验研究溶液环境是否会对水凝胶的力学行为产生影响。

2.5.1　溶液中的荷载系统标定

因为荷载系统难免会受到环境溶液的影响,所以在进行溶液环境中的实验前,需要先对试验机的荷载系统进行标定。

在准静态实验中,溶液对荷载系统的影响主要来自于静水压,静水压的作用如图 2.17(a)所示。若溶液深度等条件不变,空载(即没有试件)时的力-位移曲线通常比较稳定,且呈线性关系,如图 2.17(b)所示。若水凝胶材料相对比较硬,如 PVA 水凝胶,弹性模量可达 10 kPa 以上,且水深较浅,这个误差完全可以忽略,无需额外修正;若水凝胶材料比较软,弹性模量仅有甚至低于 kPa 量级,或溶液深度较大,则需利用无试件时测得的力-位移数据进行修正,才能得到真实的材料力-位移响应。

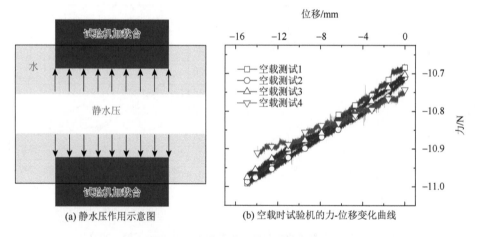

(a) 静水压作用示意图　　　　(b) 空载时试验机的力-位移变化曲线

图 2.17　环境溶液对荷载系统的影响

2.5.2　溶液环境中的体积测量技术

水凝胶在溶液环境中同样会存在加载失水问题。与空气环境中的实验类似,可通过双相机的数字图像法测量试件的体积变化率以评估试件的加载失水量。但由于相机需要透过水箱和水进行拍摄,如图 2.18 所示,所以在正式实验前有必要先对拍摄系统进行标定,以确保水箱和水导致的光线折射不会影响体积变化率测量结果。相机标定可使用不受环境溶液影响的硅胶材料,方法是分别测量硅胶试件在空气环境和溶液环境的体积变化率,然后进行对比。由于硅胶不受溶液影响,所以结果在理论上应相等。实际上,若水箱和溶液对光线的折射是均匀的,那么这两者仅会影响计算得到的体积的绝对值,对体积变化率这一无量纲量的值不存在影响。但若折射不均匀,则有必要先拟合出修正函数。

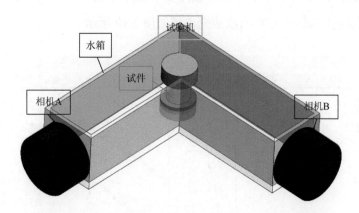

图 2.18 使用双相机测试水凝胶在溶液环境中的体积变化

2.2.1 节中介绍了在空气环境中使用荧光粉和黑暗环境增强照片中试件和背景对比度的方法。但荧光粉一般不能泡水,所以该方法在溶液环境实验中无法使用。此处,可以使用设置背景板的方法实现对比度增强,例如,针对白色的 PVA 水凝胶,可将水箱的背板设置为纯黑色。但对于透明度高的水凝胶材料,目前还没有较好的解决方案,计算精度有一定程度的降低。除此之外,溶液环境很容易存在小气泡、浮尘等杂物,会使图像噪声显著增加,所以需要更仔细地进行图像去噪。不仅如此,加载平台附近还容易出现倒影和光晕问题,严重影响试件上、下边界的识别。对此,目前的解决方法是以跟踪试验机加载台位置代替原来的直接识别试件边界。虽然依然有一定的计算误差,但可以将误差降到可接受范围(Zhang et al.,2022)。

体积的计算方法与空气环境中的相同,即将试件的横截面视为椭圆,使用两个相机获得的半径分别视为椭圆的长半轴和短半轴,并应用公式(2.2)对试件体积进行求解,从而得到试件的体积变化率。

2.5.3 溶液环境中的加载失水行为

本节测试了含水率约为 85% 的 PVA 水凝胶在去离子水环境中的准静态单轴压缩性能。与 2.2 节空气环境中的实验相似，试件的直径分为 10 mm、20 mm 和 30 mm 三种，而高度-直径比均为 1∶1，加载应变率保持为 0.001 s^{-1}。测得的真实应力-真实应变曲线和体积变化率-真实应变曲线如图 2.19 所示。

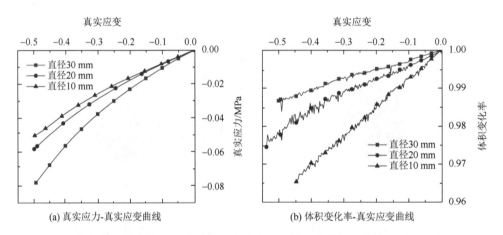

图 2.19　去离子水环境中的 PVA 水凝胶（含水率约 85%）准静态加载（Zhang et al.，2022）

从实验结果可发现，试件尺寸越大，在同一应变下的应力值越高，体积变化率越小。这个规律与空气环境中的实验结果相似，且溶液环境中的更加明显。这再次证明了真实应力的值与加载失水有关。

将相同尺寸试件在不同环境中的测试结果进行比较，如图 2.20 所示，可以看出，无论是哪种尺寸的试件，PVA 水凝胶在空气环境中表现出了比在去离子水环境中更高的应力值。但试件的体积变化率，却并非一定是空气环境中的更低，仅在试件直径为 30 mm 时是这样。随着试件直径的减小，空气环境中的压缩失水率逐渐接近去离子水环境中的压缩失水率，大概在直径为 20 mm 时，两者的压缩失水率大致相同。试件直径为 10 mm 时，空气环境中的压缩失水率明显高于去离子水环境中的压缩失水率。

两种环境中体积变化率的变化关系说明了环境和试件尺寸都是影响水凝胶加载失水的因素，而且这两个因素造成的效果可能相反。

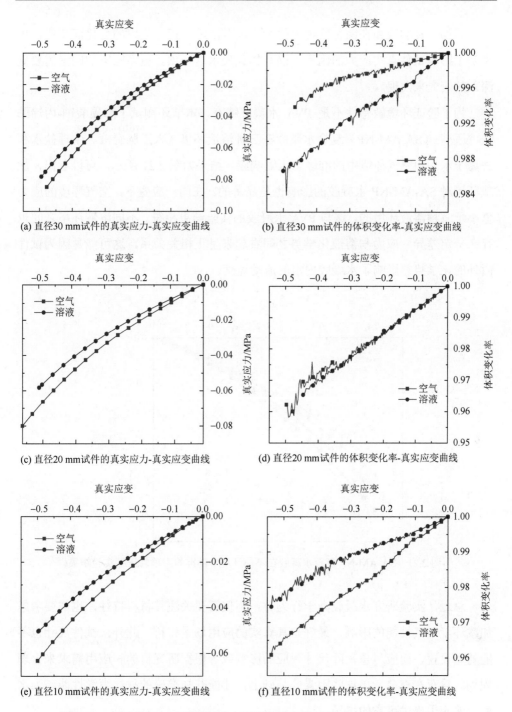

(a) 直径30 mm试件的真实应力-真实应变曲线 (b) 直径30 mm试件的体积变化率-真实应变曲线

(c) 直径20 mm试件的真实应力-真实应变曲线 (d) 直径20 mm试件的体积变化率-真实应变曲线

(e) 直径10 mm试件的真实应力-真实应变曲线 (f) 直径10 mm试件的体积变化率-真实应变曲线

图 2.20 相同的 PVA 水凝胶试件在不同环境中的对比（Zhang et al.，2022）

另外，真实应力在两种环境中的大小没有跟随体积变化率的变化而变化，也说明了影响试件真实应力的因素不仅有加载失水这一项。更多的影响因素需要更深入的研究来发现。

为了验证环境敏感性不是 PVA 水凝胶特有，本节还测试了海藻酸钠-丙烯酰胺-假酸浆（SA-AM-NP）复合水凝胶在三种溶液环境（人工脑脊液、生理盐水和去离子水）和空气环境中的准静态压缩响应，结果如图 2.21 所示。可以看出，加载环境对 SA-AM-NP 水凝胶的影响也是显著的。在同一应变下，空气环境的应力值小于三种溶液环境的，这与 PVA 水凝胶的实验结果相符。不同溶液环境之间也存在一定差异，应力与溶液化学势之间看起来呈正相关关系，这可能是因为试件内外的化学势差影响了水凝胶内水的流动速度。

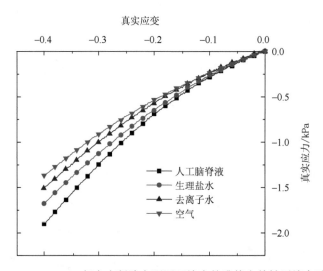

图 2.21　SA-AM-NP 复合水凝胶在不同环境中的准静态单轴压缩实验结果

总之，实验研究水凝胶力学行为时，不仅需要关注其材料特性，也需要考虑加载环境对其性能的影响，最好与其真实的应用场景相符。此外，试件尺寸也不能随意设置，而应尽量消除尺寸效应的影响或者根据研究目的和应用需求来合理规划。只有在充分考虑这些因素的基础上，才能获知准确的材料力学性能，为水凝胶的应用提供可靠的指导。

参 考 文 献

丁榕，2021.多轴加载下水凝胶及纤维网络力学行为研究[D]. 广州：华南理工大学.

张泳柔，许可嘉，汤立群，等，2017. 免夹持水凝胶材料拉伸试验技术[J]. 实验力学，32（2）：197-201.

Adelnia H，Ensandoost R，Moonshi S S，et al.，2022. Freeze/thawed polyvinyl alcohol hydrogels: Present，past and future[J]. European Polymer Journal，164：110974.

Ding R，Wang X Y，Tang L Q，et al.，2021. A new method to study contributions of polymer fibers and water respectively to the hydrogel stress under tension and compression using 3D micro-fiber network model[J]. International Journal of Applied Mechanics，13（4）：2150048.

Figueroa-Pizano M D，Vélaz I，Peas F J，et al.，2018. Effect of freeze-thawing conditions for preparation of chitosan-poly （vinyl alcohol）hydrogels and drug release studies[J]. Carbohydrate Polymers，195：476-485.

Fujine M，Takigawa T，Urayama K，2015. Strain-driven swelling and accompanying stress reduction in polymer gels under biaxial stretching[J]. Macromolecules，48（11）：3622-3628.

Gao X，Sözümert E，Shi Z J，et al.，2020. Mechanical modification of bacterial cellulose hydrogel under biaxial cyclic tension[J]. Mechanics of Materials，142：103272.

Holloway J L，Lowman A M，Palmese G R，2013. The role of crystallization and phase separation in the formation of physically cross-linked PVA hydrogels[J]. Soft Matter，9（3）：826-833.

Karimi A，Navidbakhsh M，Alizadeh M，et al.，2014. A comparative study on the elastic modulus of polyvinyl alcohol sponge using different stress-strain definitions[J]. Biomedical Engineering-Biomedizinische Technik，59（5）：439-446.

Katashima T，Urayama K，Chung U I，et al.，2012. Strain energy density function of a near-ideal polymer network estimated by biaxial deformation of Tetra-PEG gel[J]. Soft Matter，8（31）：8217-8222.

Lozinsky V I，Damshkaln L G，2000. Study of cryostructuration of polymer systems. XVII. Poly（vinyl alcohol）cryogels: Dynamics of the cryotropic gel formation[J]. Journal of Applied Polymer Science，77（9）：2017-2023.

Oka Y I，Sakohara S，Gotoh T，et al.，2004. Measurements of mechanical properties on a swollen hydrogel by a tension test method[J]. Polymer Journal，36（1）：59-63.

Peppas N A，1975. Turbidimetric studies of aqueous poly（vinyl alcohol）solutions[J]. Macromolecular Chemistry & Physics，176（11）：3433-3440.

Stauffer S R，Peppast N A，1992. Poly（vinyl alcohol）hydrogels prepared by freezing-thawing cyclic processing[J]. Polymer，33（18）：3932-3936.

Urayama K，Takigawa T，2012. Volume of polymer gels coupled to deformation[J]. Soft Matter，8：8017-8029.

Urayama K，Taoka Y，Nakamura K，et al.，2008. Markedly compressible behaviors of gellan hydrogels in a constrained geometry at ultraslow strain rates[J]. Polymer，49（15）：3295-3300.

Vervoort S，Patlazhan S，Weyts J，et al.，2005. Solvent release from highly swollen gels under compression[J]. Polymer，46（1）：121-127.

Zhang Y R，Tang L Q，Xie B X，et al.，2017. A variable mass meso-model for the mechanical and water-expelled behaviors of PVA hydrogel in compression[J]. International Journal of Applied Mechanics，9（3）：1750044.

Zhang Y R，Xu K J，Bai Y L，et al.，2018. Features of the volume change and a new constitutive equation of hydrogels under uniaxial compression[J]. Journal of the Mechanical Behavior of Biomedical Materials，85：181-187.

Zhang Y T，Zhang Y R，Tang L Q，et al.，2022. Uniaxial compression constitutive equations for saturated hydrogel combined water-expelled behavior with environmental factors and the size effect[J]. Mechanics of Advanced Materials and Structures，29（28）：7491-7502.

第三章　水凝胶黏弹性行为的实验表征

除弹性外，大多水凝胶还有比较明显的黏性特征。在受到外荷载作用后，由于黏滞损耗，水凝胶会呈现出时域依赖的特征。通过实验可以获得表征材料黏弹性性能的相关参数。但也由于黏弹性的影响，实验结果容易出现较大的误差，需要额外注意。本章介绍了两种测试材料黏弹性性能的实验方法：压入法和鼓泡法。这两种方法都有其独特的优点和缺点，可根据实际应用场景进行选择。

3.1　压入法

测试材料黏弹性性能最常见的实验方法是蠕变和松弛。但这两种实验持续时间较长，水凝胶内的水又易蒸发，所以实验过程必须做好保湿处理。除此之外，压入法也是常见的实验方法之一，且具有加载持续时间较短的优点，但需要注意的是，加载速率对实验结果有显著影响，不合适的加载速率可能使获得的结果与真实值相差很远。下面将对如何获知最佳加载速率展开讨论。

3.1.1　金属材料压入法的修正

Hertz（1882）最早提出了光滑弹性体的接触问题。该理论首先根据几何关系确定了接触区域各点的法向位移，然后根据线弹性本构关系推导了接触力与接触区域半径的关系式，最终得到接触应力的合理分布。该方法已应用于各种压痕问题的求解，特别是轴对称压痕和弹性压痕问题。在这些解中，应用最广泛的是 Sneddon（1965）提出的压入深度 h_i 和压入荷载 F 的关系式。针对圆锥压头压痕问题，Sneddon 给出的压入深度 h_i 和压入荷载 F 的解析表达式为

$$h_i = \int_0^1 \frac{f'(x)}{\sqrt{1-x^2}} \mathrm{d}x \tag{3.1}$$

$$F = \frac{4Gr_c}{1-v} \int_0^1 \frac{x^2 f'(x)}{\sqrt{1-x^2}} \mathrm{d}x \tag{3.2}$$

其中，r_c 为特征长度，表示最大压入深度下的接触半径；函数 $f(x)=f(\rho/r_c)$, $\rho=r/r_c$；G 是材料剪切模量，与弹性模量 E 及泊松比 v 之间存在关系

$$G = \frac{E}{2(1+v)} \tag{3.3}$$

水凝胶材料一般较软，弹性模量仅在 kPa 到 MPa 量级，而压头一般为金属制品，刚度比软材料高出几个量级，所以可得如下近似

$$\frac{1}{E_r} = \frac{1-v_i^2}{E_i} + \frac{1-v^2}{E} \approx \frac{1-v^2}{E} \tag{3.4}$$

其中，E_r 代表折合模量，E_i、E 和 v_i、v 分别是压头和试件的弹性模量和泊松比。将式（3.3）和式（3.4）代入式（3.2）可得

$$F = 2E_r r_c \int_0^1 \frac{x^2 f'(x)}{\sqrt{1-x^2}} \mathrm{d}x \tag{3.5}$$

对于圆锥压头，其形状函数为

$$z = \rho \cot\alpha = xr_c \cot\alpha \tag{3.6}$$

其中，α 是压头角度的一半。

最终，可推算得圆锥压头条件下压力与压入深度的关系如式（3.7）。更详细的推导过程可参考 Sneddon（1947，1965）的工作。

$$F(h) = \frac{2}{\pi} E_r h_i^2 \tan\alpha \tag{3.7}$$

Hay 等（1999）以锥形压痕为例，仔细验证了 Sneddon 的解决方案，发现在接触区变形表面的形状本应像压痕一样呈锥形 [图 3.1（a）]，但考虑曲面点的径向位移时，却呈现出图 3.1（b）所示的不合理几何形态，试件有部分浸入到了压头里。造成这种情况的原因是 Sneddon 的解只考虑了材料在轴向（加载方向）的位移，而径向上的位移并没做考虑。

针对 Sneddon 解存在的问题，Hay 给出的修正方案如下：

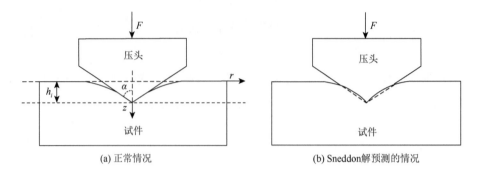

(a) 正常情况　　　　　　　　　　　(b) Sneddon解预测的情况

图 3.1　压头与试件变形

$$F_e(h) = \beta \frac{2}{\pi} E_r h_i^2 \tan\alpha \tag{3.8}$$

$$\beta = \pi \frac{\frac{\pi}{4} + 0.15483073 \frac{1-2\nu}{4(1-\nu)}\cot\alpha}{\left[\frac{\pi}{2} - 0.83119312 \frac{1-2\nu}{4(1-\nu)}\cot\alpha\right]^2} \tag{3.9}$$

其中，β 是修正系数。容易看出，修正系数 β 会因泊松比 ν 变化而变化，其变化规律如图 3.2 所示。

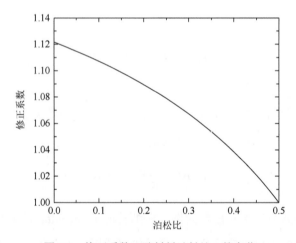

图 3.2　修正系数 β 随材料泊松比 ν 的变化

3.1.2　黏弹性材料压入法的修正

Lee 等（1960）从 Hertz 理论出发，通过将解中的弹性模量替换为相应的黏弹性算子，解决了刚性压头与半无限线性黏弹性体之间的接触问题。他们给出的压

入荷载 $F(t)$，压入深度 $h_i(t)$ 和剪切蠕变柔量 $J(t)$ 间的关系式为

$$h_i^{\frac{n+1}{n}}(t) = \frac{1-\nu}{4B_n}\int_0^t J(t-\tau)\frac{\mathrm{d}F(\tau)}{\mathrm{d}\tau}\mathrm{d}\tau \tag{3.10}$$

其中，B_n 是与压头形状相关的系数，对于圆锥压头，取 $n=1$，且有 $B_1=\tan\alpha/\pi$。但 Lee-Radok 理论有明显局限性，仅适用于压头与材料接触半径非减的情况，也就是无法用于表征卸载过程。

若材料泊松比 ν 在压入加载过程中恒定，则拉伸蠕变柔量 $J_{\mathrm{T}}(t)$ 和剪切蠕变柔量之间存在以下简单关系：

$$J(t) = 2(1+\nu)J_{\mathrm{T}}(t) \tag{3.11}$$

将圆锥形压头的参数，以及式（3.11）代入式（3.10），可得

$$h_i^2(t) = \frac{(1-\nu^2)\pi}{2\tan\alpha}\int_0^t J_{\mathrm{T}}(t-\tau)\frac{\mathrm{d}F(\tau)}{\mathrm{d}\tau}\mathrm{d}\tau \tag{3.12}$$

对比式（3.7）和式（3.12），不难发现，将 Sneddon 解中与时间无关的 $F(h)$ 替换成与时间相关的黏弹性表达可得 Lee-Radok 解，也就是说，可将 Lee-Radok 解看成是 Sneddon 弹性压入理论在黏弹性问题上的推广。那么，可以合理推测，Sneddon 解中存在的问题（图 3.1），Lee-Radok 解也存在。若采用 Hay 提出的方法对式（3.12）进行修正，则有

$$h_i^2(t) = \frac{(1-\nu^2)\pi}{2\beta\tan\alpha}\int_0^t J_{\mathrm{T}}(t-\tau)\frac{\mathrm{d}F(\tau)}{\mathrm{d}\tau}\mathrm{d}\tau \tag{3.13}$$

此处以圆锥压头的线性加载为例，对 Hay 修正方法在黏弹性压入问题上是否依然有效，即式（3.13）是否合理进行验证。线性荷载即加载速率不变的荷载

$$F(t) = \dot{F}t \tag{3.14}$$

其中，$\dot{F}$ 为荷载的加载速率。

黏弹性材料的本构关系可写成 Prony 级数形式，拉伸蠕变柔量可写成

$$J_{\mathrm{T}}(t) = \frac{1}{E_\infty}\left(1-\sum_{i=1}^n g_i\mathrm{e}^{-\frac{t}{t_i}}\right) \tag{3.15}$$

其中，E_∞、g_i 和 t_i 分别是松弛模量、蠕变系数和特征时间。

将式（3.14）与式（3.15）分别代入 Lee-Radok 解的式（3.12）和修正后的 Lee-Radok 解式（3.13）中，分别得

$$h_i^2(t) = \frac{(1-v^2)\pi}{2\tan\alpha} \cdot \frac{\dot{F}}{E_\infty} \cdot \left(t - \sum_{i=1}^{n} g_i t_i \left(1 - \mathrm{e}^{-\frac{t}{t_i}} \right) \right) \qquad (3.16)$$

$$h_i^2(t) = \frac{(1-v^2)\pi}{2\beta\tan\alpha} \cdot \frac{\dot{F}}{E_\infty} \cdot \left(t - \sum_{i=1}^{n} g_i t_i \left(1 - \mathrm{e}^{-\frac{t}{t_i}} \right) \right) \qquad (3.17)$$

再将式（3.14）代入式（3.16）和式（3.17）消去时间变量 t，得到

$$h_i^2(t) = \frac{(1-v^2)\pi}{2\tan\alpha} \cdot \frac{\dot{F}}{E_\infty} \cdot \left(\frac{F}{\dot{F}} - \sum_{i=1}^{n} g_i t_i \left(1 - \mathrm{e}^{-\frac{F}{\dot{F} t_i}} \right) \right) \qquad (3.18)$$

$$h_i^2(t) = \frac{(1-v^2)\pi}{2\beta\tan\alpha} \cdot \frac{\dot{F}}{E_\infty} \cdot \left(\frac{F}{\dot{F}} - \sum_{i=1}^{n} g_i t_i \left(1 - \mathrm{e}^{-\frac{F}{\dot{F} t_i}} \right) \right) \qquad (3.19)$$

显然，式（3.18）和式（3.19）即为压入位移与压入荷载的关系式。

那么，是否有必要使用加入了修正系数的式（3.19）取代式（3.18）呢？接下来对此问题使用有限元模型计算帮助分析。有限元模型如图 3.3（a）所示，由于圆锥压头和圆柱形试件都是轴对称的，所以使用轴对称模型对数值计算进行简化，节省计算时间。压头可设为刚体，水凝胶材料参数参考自第二章中 PVA 水凝胶的准静态单轴压缩实验。压入深度统一为 5 mm，总的加载时长计算了 1 s 和 100 s 两种工况。当试件泊松比为 0.5 时，修正公式（3.19）退化回 Lee-Radok 预测公式（3.18），此时，有限元模型结果与两者吻合度良好，见图 3.3（b），因此，可认为该有限元模型对理论的模拟分析是可靠的。随后，修改试件的泊松比，以 0.4 和 0.3 为例。将原始的预测公式（3.18）和修正过的预测公式（3.19）分别与有限元计算结果对比，效果如图 3.3（c）和（d）所示。可以发现，修正过后的预测

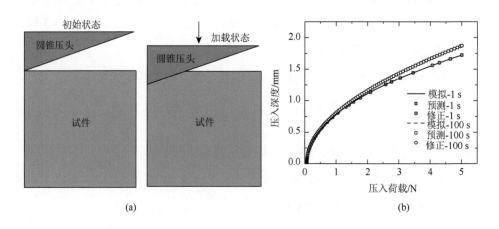

(a)　　　　　　　　　　　　　　　　　　(b)

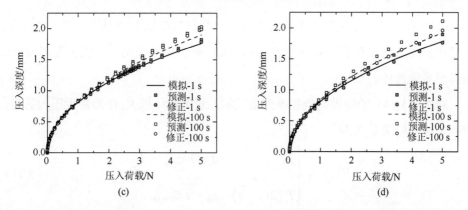

图 3.3 压入实验有限元模型（a）；使用泊松比为 0.5 时的数据验证有限元模型的可靠度（b）；然后将泊松比为 0.4（c）和泊松比为 0.3（d）时的模拟数据、式（3.18）预测数据和式（3.19）修正数据对比

公式，其结果与有限元模型的更为接近。因此，可得出结论，修正公式（3.19）的预测效果确实比原始公式（3.18）更好，使用修正公式（3.19）更加准确可靠。

3.1.3 黏弹性材料压入法的加卸载修正

3.1.2 节中提到，Lee-Radok 解并不适用于卸载过程，Hunter（1960）、Graham（1965）、Ting（1966）在 Lee-Radok 解的基础上提出了适用于卸载过程的解决方案

$$D_n h_i(t) = r_c^n(t) - \int_{t_m}^{t} J(t-\tau) \frac{\partial}{\partial \tau} \int_{t_1(\tau)}^{\tau} G(t-\tau) \frac{\mathrm{d}r_c^n(\eta)}{\mathrm{d}\eta} \mathrm{d}\eta \,\mathrm{d}\tau \qquad (3.20)$$

式中，D_n 是与压头相关的参数，n 为 1 时代表圆锥压头，且有 $D_1 = 2\tan\alpha/\pi$；$r_c(t)$ 代表 t 时刻压头的接触半径；t_m 是加载段的持续时间，同时也是开始卸载的时刻；$t_1(\tau)$ 表示与 τ 时刻接触半径相等的时刻，也即有 $r_c(\tau) = r_c(t)$，且必须有 $t_1(\tau) < t_m$。

Ting 的方法能够描述材料的卸载过程，但式（3.20）的形式比较复杂，而且剪切蠕变柔量 $J(t)$ 的显式表达式并不容易得到。而 Peng 等在 2012 年进行了大量的有限元模拟实验，试件材料属性包含了一百多种，囊括了大多数的橡胶，然后发现，即使是卸载段，除了最后的 10%，Lee-Radok 解也有良好的预测效果。所以，即使 Lee-Radok 解在卸载段理论上不成立，但在实际应用中也可以使用。因

此，虽然 Ting 的方法能够更全面且准确地表征材料在压入加卸载下的力学行为，但考虑到复杂性和难求解的问题，Lee-Radok 解在实际应用中可能会因其简单性而被更多地选择。

将式（3.14）的线性荷载扩展到线性加卸载荷载，以 F_m 作为最大压入荷载，荷载与时间的关系变为

$$F(t) = \begin{cases} \dot{F}t & 0 \le t < t_m = \dfrac{F_m}{\dot{F}} \\[2mm] \dot{F}(2t_m - t) & t_m < t \le 2t_m \end{cases} \tag{3.21}$$

因为加载和卸载的速率保持不变，所以持续时间也相同，$0\sim t_m$ 时刻为加载段，$t_m\sim2t_m$ 时刻为卸载段。将式（3.21）代入式（3.19）中有

$$h_i^2(F) = \begin{cases} \dfrac{(1-v^2)\pi}{2\beta\tan\alpha}\dfrac{\dot{F}}{E_\infty}\left[\dfrac{F}{\dot{F}} - \sum_{i=1}^{n} g_i t_i\left(1-\mathrm{e}^{-\frac{F}{\dot{F}t_i}}\right)\right] & \mathrm{d}F \ge 0,\ F \le F_m \\[4mm] \dfrac{(1-v^2)\pi}{2\beta\tan\alpha}\dfrac{\dot{F}}{E_\infty}\left[\dfrac{F}{\dot{F}} + \sum_{i=1}^{n} g_i t_i\left(1+\mathrm{e}^{\frac{F-2F_m}{\dot{F}t_i}} - 2\mathrm{e}^{\frac{F-F_m}{\dot{F}t_i}}\right)\right] & \mathrm{d}F < 0 \end{cases}$$

$$\tag{3.22}$$

式（3.22）即为推广至一次线性加卸载的修正的 Lee-Radok 解。

3.1.4 黏弹性材料压入法的最优加载速率

理论上，利用式（3.22）以及压入实验数据，可以拟合出材料的泊松比 v、蠕变系数 g_i 和特征时间 t_i。为了验证拟合效果，此处首先使用有限元模型计算了不同加载持续时间下的压入深度曲线（Chen et al.，2018），输入的材料弹性模量 $E = 0.5$ MPa，泊松比 $v = 0.3$，特征时间 $t_i = 50$ s，蠕变系数 $g_i = 0.3$，最大压入荷载 $F_m = 5$ N。然后使用式（3.22）对计算结果进行拟合。然而，虽然式（3.22）对不同加载速率（加载速率等于最大压入荷载与加载段持续时间的比值）下的有限元计算曲线都可以有很好的拟合效果，但拟合出的材料参数与输入给有限元模型的值有可能相差很远，图 3.4 展示了它们的差异，图中，t_m 表示加载段持续时间，也即总的荷载作用时间（加载持续时间）的一半。

图 3.4 中展现的拟合值与真实值之间的差距说明了加载速率对水凝胶材料

压入实验的影响不容忽视。那么，怎样的实验加载速率能得到合理的材料黏性系数呢？为解答这一问题，不妨先假设实验中最大压入荷载是不变的，那么根据式（3.21），加载速率 $\dot{F}$ 可以用加载段持续时间 t_m 来等效表征。引入以下归一化操作：

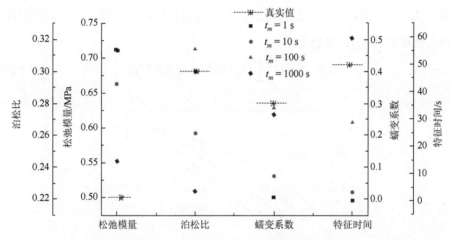

图 3.4　不同加载段持续时间下，公式拟合得到的材料参数与输入有限元模型的材料参数给定值（视为真实值）之间的对比

$$F' = \frac{F}{F_m}, \quad h' = \frac{h}{h_m} \tag{3.23}$$

其中，h_m 表示最大压入深度，是 F_m 的函数。将式（3.23）代入式（3.22）可得归一化后的修正的 Lee-Radok 解

$$h_i^2(F) = \begin{cases} \dfrac{(1-v^2)\pi F_m}{2\beta\tan\alpha E_\infty h_m^2}\left[F' - \displaystyle\sum_{i=1}^{n}\dfrac{g_i t_i}{t_m}\left(1 - e^{-\frac{F' t_m}{t_i}}\right)\right] & dF' \geqslant 0,\ F' \leqslant 1 \\[3ex] \dfrac{(1-v^2)\pi F_m}{2\beta\tan\alpha E_\infty h_m^2}\left[F' + \displaystyle\sum_{i=1}^{n}\dfrac{g_i t_i}{t_m}\left(1 + e^{\frac{(F'-2)t_m}{t_i}} - 2e^{\frac{(F'-1)t_m}{t_i}}\right)\right] & dF' < 0 \end{cases} \tag{3.24}$$

观察式（3.24），不难发现，h_i'-F' 或者 $(h_i')^2$-F' 曲线仅受加载段持续时间 t_m 影响。由于最大压入荷载 F_m 不变，而加载速率 $\dot{F} = F_m/t_m$，所以也可以说，h_i'-F' 和 $[(h_i')^2$-$F']$ 曲线仅受加载速率 $\dot{F}$ 影响。

那么，使用什么加载速率 $\dot{F}$，能拟合出最合理的试件材料参数？为了探寻这个问题的答案，此处画出了 h_i'-F' 和 $(h_i')^2$-F' 曲线，如图 3.5 所示。加载段和卸载

段的 h_i'-F' 曲线所围的面积代表一次加卸载的耗散功 W ，其值等于

$$W = -\left(\int_0^1 h_i'\mathrm{d}F' + \int_1^0 h_i'\mathrm{d}F' \right) \tag{3.25}$$

耗散功的出现正是由于材料的黏性性能所导致，因此理论上，可以使用耗散功表征材料在黏性响应。但直接求解式（3.25）的解析表达式显然是不容易的，相比起来，$(h_i')^2$-F' 曲线包围的面积更具有实际可操作性。定义 $(h_i')^2$-F' 曲线包围的面积为伪耗散功 W_{pd} ，其值等于

$$W_{\mathrm{pd}}(t_m) = -\left[\int_0^1 (h_i')^2\mathrm{d}F' + \int_1^0 (h_i')^2\mathrm{d}F' \right] \tag{3.26}$$

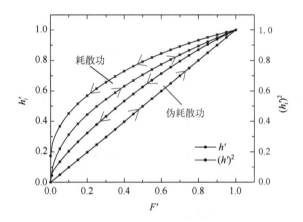

图 3.5　h'-F' 和 $(h')^2$-F' 曲线图（陈俊帆，2018）

将式（3.22）代入式（3.26）中，可以得到

$$W_{\mathrm{pd}}(t_m) = \dfrac{\sum g_i \dfrac{t_i}{t_m}\left[2 - \dfrac{t_i}{t_m}\left(3 - \mathrm{e}^{-\frac{t_m}{t_i}} \right)\left(1 - \mathrm{e}^{-\frac{t_m}{t_i}} \right) \right]}{1 - \sum g_i \dfrac{t_i}{t_m}\left(1 - \mathrm{e}^{-\frac{t_m}{t_i}} \right)} \tag{3.27}$$

式（3.27）展示了伪耗散功 W_{pd} 和特征时间 t_i 之间的关系。若材料仅有 1 个特征时间，W_{pd} 也只有一个极大值，见图 3.6（a）；当特征时间数量为 2 时，W_{pd} 的数量也变为两个，见图 3.6（b）。

观察式（3.25）和式（3.26），容易发现，伪耗散功的变化趋势和耗散功是相同的，也即当 W-t_m 曲线到达极值时，W_{pd}-t_m 也到达极值，有限元模型的计算结果

也验证了这个结论（图 3.7）。而耗散功的极大值点正是材料黏性响应最强烈的时候，也就是说，使用这时候的数据进行黏性分析应该最为合理。既然伪耗散功达到极大值时的加载速率与耗散功相同，那么使用伪耗散功代替耗散功进行分析，也是合理的。

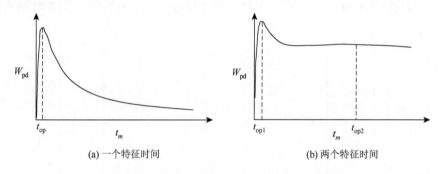

(a) 一个特征时间   (b) 两个特征时间

图 3.6 材料伪耗散功和加载段持续时间的关系

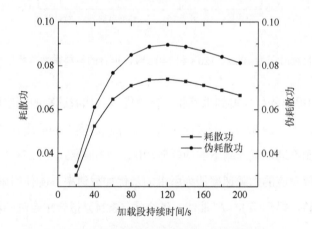

图 3.7 不同加载时间下，耗散功和伪耗散功的对比

加载段持续时间是总加载时间的一半

观察图 3.7 可发现，耗散功（伪耗散功）在加载段持续时间（荷载施加过程包括了一次加载和一次卸载，加载段持续时间为总时间的一半）大约在 120 s 时达到极大值。使用 100 s、120 s 和 140 s 的有限元模型计算结果对材料参数进行拟合，得到的拟合结果和真实值的对比如图 3.8 所示。和前面未考虑耗散功时（图 3.4）的效果对比，显然与真值的接近度有了大幅度提升。也就是说，当加载

时间接近耗散功（伪耗散功）极大值时，拟合得到的材料黏性参数有较高的可靠度。所以，为了得到较可靠的材料参数，有必要对材料进行不同加载速率的实验，以求得（伪）耗散功曲线。

当然，进行太多不同加载速率的实验显然效率过低。一般情况下，有大约 5 组不同加载速率的数据，结合式（3.27），即可拟合出较可靠的伪耗散功-时间曲线。

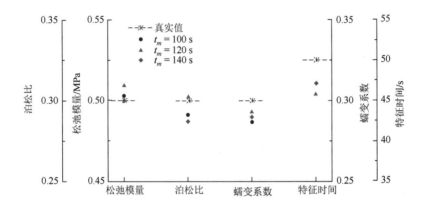

图 3.8　加载持续时间为 100、120 s 和 140 s 时，拟合的材料黏性参数与真实值的对比

至此，前面提出的如何得到水凝胶材料最优压入加载速率的问题已经得到解决。其步骤可总结如下（图 3.9）：①进行大约 5 组加载速率不同的压入预实验；②根据式（3.26），得到不同加载速率下的伪耗散功 W_{pd}；③根据式（3.27）拟合出 W_{pd}-t_m 曲线，曲线极大值对应的加载速率即为所求的最优加载速率；④使用最优加载速率进行正式压入实验，得到 $(h')^2$-F' 曲线，结合式（3.24）拟合出合理的材料黏性参数。

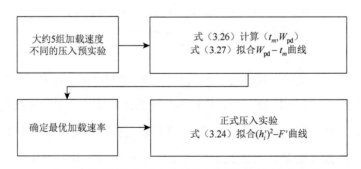

图 3.9　基于最优加载速率的水凝胶材料压入法流程图

3.2　鼓　泡　法

鼓泡法是另一种可获知材料黏性参数的实验方法。相较于上一节的压入法，鼓泡法的荷载比较均匀，能够更好地表征全场的材料特性（Tang et al., 2013；Tonge et al., 2013；Sheng et al., 2017）。

3.2.1　经典球冠模型

鼓泡实验最早在 1959 年被 Beams 提出，其实施方法如图 3.10 所示。试件通常被制成薄膜状，四周被固定在刚体上，底部被试验机的填充液体（如硅油）均匀施压，从而产生鼓起变形。根据试件的半径和鼓起高度，可以推断出材料的力学性能。

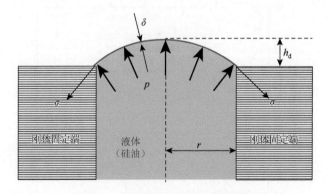

图 3.10　鼓泡法实施方法示意图

基于应力平衡条件，Beams 提出了球冠模型。球冠模型描述了薄膜试件中心挠度 h_d 与压力 p 的关系

$$p = \frac{8E\delta}{3(1-v)r^4}h_d^3 \tag{3.28}$$

其中，E、v、r 和 δ 分别是试件的弹性模量、泊松比、半径和厚度。试件半径 r 和厚度 δ 是实验前就可确定的已知量，因此，通过实验得到压强 p 与挠度 h_d 后，可知材料的双轴模量 $Y = E/(1-v)$。

3.2.2 PVA 水凝胶薄膜鼓泡实验

经典球冠模型推导出的式（3.28）显然没有考虑材料的黏性，那么对于水凝胶这种黏弹性材料是否仍然适用？下面通过对比球冠模型预测结果和实验曲线来解答这一问题。

此处使用含水率为 80% 的 PVA 水凝胶进行了鼓泡测试。PVA 水凝胶的制作方法与第二章中的相同。试件半径 r 为 4 mm；试件厚度 δ 为 250 μm；试件泊松比和弹性模量通过准静态单轴压缩实验获取。实验采用压力控制加载，加载速率为 0.1 kPa/s。将球冠模型的预测曲线与鼓泡实验数据进行对比，如图 3.11 所示。可以看到，在相同的压力下，实验得到的挠度值明显大于球冠模型的预测值。也就是说，经典球冠模型推导出的式（3.28）并不适用于具有显著黏弹性特性的水凝胶材料。

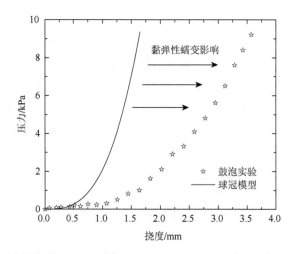

图 3.11　球冠模型计算结果与鼓泡测试实验结果的对比（Chen et al.，2017）

3.2.3 黏弹性鼓泡位移模型

式(3.28)对水凝胶不适用的主要原因是完全没考虑材料黏性性能带来的影响。换句话说，若使式（3.28）增加对材料黏性的考虑，是有可能对水凝胶也适用的。

广义麦克斯韦（Maxwell）模型是最常用于表征黏弹性材料的模型之一。忽略水凝胶内水的流动，水凝胶可以被视为宏观均匀且各向同性的材料，所以广义 Maxwell 模型也可用于表征其力学行为。广义 Maxwell 模型由多个平行的 Maxwell 单元组成，每个 Maxwell 单元包括了一个弹性弹簧和一个黏壶。将每个弹簧的弹性系数分别标记为 E_1，E_2，$\cdots$，E_n，相对应的每个黏壶的黏性系数标记为 $\eta_1, \eta_2, \cdots, \eta_n$，如图 3.12（a）所示。那么，水凝胶的松弛模量等于

$$E(t) = \sum_{i=1}^{n} E_i \mathrm{e}^{-\frac{t}{\tau_i}} \tag{3.29}$$

式中，$\tau_i = \eta_i / E_i$，表示第 i 个 Maxwell 单元的松弛时间。

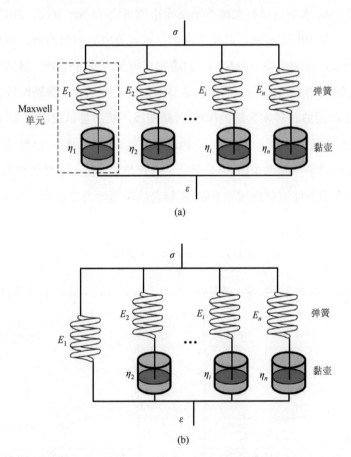

(a)

(b)

图 3.12　广义 Maxwell 模型（a）和将第一个 Maxwell 单元替换成弹簧的广义 Maxwell 模型（b）

广义 Maxwell 模型还有另一种表达形式为

$$p_0\sigma + p_1\dot{\sigma} + p_2\ddot{\sigma} + \cdots = q_0\varepsilon + q_1\dot{\varepsilon} + q_2\ddot{\varepsilon} + \cdots \tag{3.30}$$

或者写成

$$\sum_0^m p_k \frac{\mathrm{d}^k \sigma}{\mathrm{d}t^k} = \sum_0^n q_k \frac{\mathrm{d}^k \varepsilon}{\mathrm{d}t^k}$$

如果将图 3.12（a）中第一个 Maxwell 单元替换成弹簧，即变为图 3.12（b）中的形式，那么这个广义 Maxwell 模型的应力将衰减到一个极限值，而不是零。这个模型能更好地表征交联高分子网络的力学行为，在下面的讨论中将使用这个模型进行更多探索。

此处对 PVA 水凝胶材料实施单轴压缩松弛实验（Chen et al.，2017），材料制作方法与第二章中所述相同。试件含水率与上一节中的 80% 相同，试件直径与高度均为 16 mm，以应变率 0.166 7 s^{-1} 的速率压缩到应变 65% 处，随后一直保持该应变。实验结果如图 3.13（a）所示，达到给定的应变后，荷载随时间的增加缓慢下降。将力-时间曲线转换为松弛模量-时间曲线，然后尝试使用图 3.12（b）的广义 Maxwell 模型进行拟合。发现，当 Prony 级数达到三项时，已经能与实验结果有较好的拟合效果，如图 3.13（b）所示。也就是说，由一个弹簧和两个 Maxwell 单元组成的模型能够有效地描述 PVA 水凝胶的黏弹性力学行为。三项 Prony 模量表达式具体如下：

$$E(t) = E_0 + E_1 \mathrm{e}^{-\frac{t}{\tau_1}} + E_2 \mathrm{e}^{-\frac{t}{\tau_2}} \tag{3.31}$$

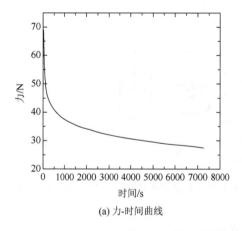

(a) 力-时间曲线

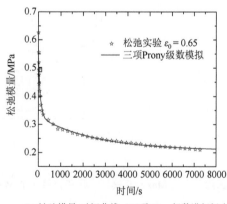

(b) 松弛模量-时间曲线（三项Prony级数进行拟合）

图 3.13　单轴压缩松弛实验（Chen et al.，2017）

写成应力与应变关系的表达式如下：

$$\ddot{\sigma} + p_1\dot{\sigma} + p_2\sigma = q_1\ddot{\varepsilon} + q_2\dot{\varepsilon} + q_3\varepsilon \tag{3.32}$$

式（3.31）和式（3.32）中拟合出的参数如表 3.1 和表 3.2 所示。

表 3.1　式（3.31）对 PVA 水凝胶的拟合参数

初始应变	E_0/MPa	E_1/MPa	$1/\tau_1$/s^{-1}	E_2/MPa	$1/\tau_2$/s^{-1}
0.65	0.208 1	0.120 2	0.000 4	0.207 2	0.012

表 3.2　式（3.32）对 PVA 水凝胶的拟合参数

p_1/s^{-1}	p_2/s^{-1}	q_1/MPa	q_2/(MPa·s^{-1})	q_3/(MPa·s^{-1})
0.012 4	4.80×10^{-6}	0.535 5	4.106×10^{-3}	1.0×10^{-6}

构建广义 Maxwell 模型时已经假设水凝胶材料是各向同性的，那么它的应变球张量只与静水压力相关，应变偏张量仅与应力偏张量有关。已知线性各向同性材料的三维本构方程可表达为

$$P'S_{ij} = Q'e_{ij}, \quad P''\sigma = Q''e \tag{3.33}$$

其中，P'、Q'、P'' 和 Q'' 是式（3.32）中的偏导数算子。对这些算子做拉普拉斯变换有

$$\begin{cases} P'(s) = \displaystyle\sum_0^n p_k' \frac{\mathrm{d}^k}{\mathrm{d}t^k} = p_0 + p_1 s + p_2 s^2 + \cdots + p_n s^n \\[2mm] P''(s) = \displaystyle\sum_0^m p_k'' \frac{\mathrm{d}^k}{\mathrm{d}t^k} = 1 \\[2mm] Q'(s) = \displaystyle\sum_0^n q_k' \frac{\mathrm{d}^k}{\mathrm{d}t^k} = q_0 + q_1 s + q_2 s^2 + \cdots + q_n s^n \\[2mm] Q''(s) = \displaystyle\sum_0^m q_k'' \frac{\mathrm{d}^k}{\mathrm{d}t^k} = 3K \end{cases} \tag{3.34}$$

式中，K 表示体积模量，由于水凝胶的含水率一般较高，且水通常可看作体积不可压缩材料，所以水凝胶的体积模量 K 也可认为是常数。根据弹性-黏弹性对应原理（魏培君等，1999），对式（3.28）中的 $p(t)$ 和 $h_d(t)$ 作拉普拉斯变换，可得到与频率相关的模量表达式

$$\overline{E}(s) = \frac{3Q'(s)Q''(s)}{Q'(s)P''(s) + 2P'(s)Q''(s)} \tag{3.35}$$

其中，s 表示频域。将式（3.35）代入式（3.28）中，可以得到在拉普拉斯平面上的水凝胶薄膜鼓泡实验力学行为表达式

$$\overline{h}_d^3(s) = \frac{\overline{p}(s)r^4}{8\delta}\left[2\frac{P''(s)}{Q''(s)} + \frac{P'(s)}{Q'(s)}\right] \tag{3.36}$$

因此，通过拉普拉斯逆变换确定 PVA 水凝胶薄膜的导数算子和加载模式，可以表征鼓泡加载下 PVA 水凝胶薄膜的挠度-压力响应。将式（3.34）代入式（3.35）和式（3.36），这改进的球冠模型变为

$$\overline{E}(s) = \frac{3}{\dfrac{1}{3K} + 2\dfrac{P'(s)}{Q'(s)}} \tag{3.37}$$

$$\overline{h}_d^3(s) = \frac{\overline{P}(s)r^4}{8\delta}\left[\frac{2}{3K} + \frac{P'(s)}{Q'(s)}\right] \tag{3.38}$$

再将式（3.37）代入式（3.38）可得

$$\overline{h}_d^3(s) = \frac{\overline{P}(s)r^4}{8\delta}\left[\frac{1}{2K} + \frac{3}{2\overline{E}(s)}\right] \tag{3.39}$$

对式（3.39）在时域内进行拉普拉斯变换有

$$E(t) = \frac{1}{\dfrac{16h_d^3(t)\delta}{3p(t)r^4} - \dfrac{1}{3K}} \tag{3.40}$$

式（3.40）中，t 是时间，压强 $p(t)$ 和挠度 $h_d(t)$ 可通过实验测得。也就是说，通过鼓泡实验，即可计算出材料的松弛模量 $E(t)$ 和体积模量 K。

假设鼓泡实验的加载模式为力控制且加载力线性增加，即 $p(t) = kt$，k 是加载速率，则式（3.36）可写为

$$\overline{h}_d^3(s) = \frac{kr^4}{8\delta s^2}\left[\frac{2P''(s)}{Q''(s)} + \frac{P'(s)}{Q'(s)}\right] \tag{3.41}$$

将式（3.32）和式（3.34）代入式（3.41），并进行拉普拉斯逆变换，即可得到挠度-压力曲线。将改进的球冠模型预测曲线与鼓泡实验结果对比，如图 3.14（a）所示。可见在挠度较小时，改进的球冠模型有非常良好的预测效果。当挠度较大时，预测值与实验值逐渐偏离。这有可能是因为，做实验用的试件厚度为 250 μm，

并不是特别符合薄膜的假设，薄膜的刚度不能被完全忽略，而球冠模型是在小变形假设下推导出来的，且认为薄膜是可完全忽略刚度的膜，基于球冠模型推导出的改进的球冠模型，同样也会受到这些限制。所以，当挠度较大时，必须引入非线性行为和大挠度进行分析，才有可能与实验结果更加吻合。

为了进一步验证改进的球冠模型，此处还使用有限元方法对阶梯式加载条件下的鼓泡实验进行了模拟。基于鼓泡模型的对称性，有限元模型采用轴对称的壳结构进行建模，试件顶部被施加对称边界条件，试件侧边则为固定边界。材料参数使用图 3.13（b）中单轴压缩松弛实验的 Prony 级数拟合结果。试件半径与实验测试的相同，取 4.0 mm。试件的厚度被设置为 50 μm、80 μm 和 100 μm。网格尺寸为 5 μm，即使是最薄的试件，试件厚度也是网格尺寸的 10 倍。阶跃荷载均匀作用于试件底面，其值为 2.0 kPa。模拟实验结果与改进的球冠模型预测曲线的对比如图 3.14（b）所示。当试件厚度仅有 50 μm 时，两者有较好的吻合度，随着试件厚度的增加，吻合度逐渐下降，且有限元模拟结果低于预测结果。这印证了前面的分析，随着膜厚度的增加，膜刚度的作用加剧，抵抗了膜的变形，所以球冠模型仅适用于薄膜。当厚度小于特征尺寸（半径 4 mm）的 1/80 时，试件可视为薄膜，因此，厚度为 50 μm 时，改进的球冠模型与有限元模拟结果比较一致。

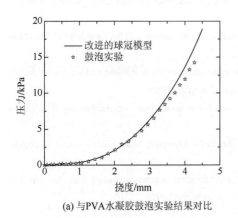
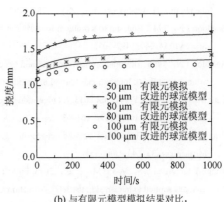

(a) 与PVA水凝胶鼓泡实验结果对比　　　　(b) 与有限元模型模拟结果对比，
　　　　　　　　　　　　　　　　　　　　　　验证试件厚度的影响

图 3.14　改进的球冠模型合理性验证（Chen et al.，2017）

参 考 文 献

陈俊帆, 2018. 水凝胶的粘弹性压入法表征及其在溶液中的冲击特性研究[D]. 广州: 华南理工大学.

魏培君, 张双寅, 吴永礼, 1999. 粘弹性力学的对应原理及其数值反演方法[J]. 力学进展, 29 (3): 317-330.

周光泉, 刘孝敏, 1996. 粘弹性理论[M]. 合肥: 中国科学技术大学出版社.

Beams J W, 1959. Mechanical properties of thin films of gold and silver[C]//Neugebauer C A, Newkirk J B, Vermilyea D A. Structure and properties of thin films. New York: Wiley, 183-192.

Chen J F, Xu K J, Tang L Q, et al., 2018. Study on the optimal loading rates in the measurement of viscoelastic properties of hydrogels by conical indentation[J]. Mechanics of Materials, 119: 42-48.

Chen Y F, Ai S G, Tang J D, et al., 2017. Characterizing the viscoelastic properties of hydrogel thin films by bulge test[J]. Journal of Applied Mechanics, 84 (6): 061005.

Graham G A C, 1965. The contact problem in the linear theory of viscoelasticity[J]. International Journal of Engineering Science, 3 (1): 27-46.

Hay J C, Bolshakov A, Pharr G M, 1999. A critical examination of the fundamental relations used in the analysis of nanoindentation data[J]. Journal of Materials Research, 14 (6): 2296-2305.

Hertz H, 1882. Uber die Berührung fester elastischer Körper[J]. J. reine und angewandte Mathematik, 92: 156-171.

Hunter S C, 1960. The Hertz problem for a rigid spherical indenter and a viscoelastic half-space[J]. Journal of the Mechanics and Physics of Solids, 8 (4): 219-234.

Lee E H, Radok J R M, 1960. The contact problem for viscoelastic bodies[J]. Journal of Applied Mechanics, 27 (3): 438-444.

Peng G J, Zhang T H, Feng Y H, et al., 2012. Determination of shear creep compliance of linear viscoelastic solids by instrumented indentation when the contact area has a single maximum[J]. Journal of Materials Research, 27: 1565-1572.

Sheng J Y, Zhang L Y, Li B, et al., 2017. Bulge test method for measuring the hyperelastic parameters of soft membranes[J]. Acta Mechanica, 228: 4187-4197.

Sneddon I N, 1947. Boussinesq's problem for a rigid cone[J]. Mathematical Proceeding of the Cambridge Philosophical Society, 44 (4): 492-507.

Sneddon I N, 1965. The relation between load and penetration in the axisymmetric boussinesq problem for a punch of arbitrary profile[J]. International Journal of Engineering Science, 3 (1): 47-57.

Tang J D, Yu Z J, Sun Y Y, et al., 2013. A bulge-induced dehydration failure mode of nanocomposite hydrogel[J]. Applied Physics Letters, 103 (16): 161903.

Ting T C T, 1966. The contact stresses between a rigid indenter and a viscoelastic half space[J]. Journal of Applied Mechanics, 33 (4), 845-854.

Tonge T K, Atlan L S, Voo L M, et al., 2013. Full-field bulge test for planar anisotropic tissues: Part I-Experimental methods applied to human skin tissue[J]. Acta Biomaterialia, 9 (4): 5913-5925.

第四章　水凝胶动态力学行为的实验表征

日常生活中，人体软组织经常受到冲击荷载作用，因此了解水凝胶的动态力学响应对人体防护等方向的研究非常重要。霍普金森压杆是目前最常用的动态力学性能测试仪器之一，本章中的动态力学行为实验表征也基于霍普金森压杆进行。但直接使用传统的霍普金森压杆对水凝胶材料进行实验会存在信号微弱等问题，无法满足准确测试水凝胶动态力学性能的需求。本章将详细探讨这些问题及其解决方案，为读者提供一套完整的实验技术。

4.1　霍普金森压杆技术原理

冲击条件下的材料力学性能测试可以追溯到 1872 年 John Hopkinson 的钢丝冲击实验。钢丝实验发现了钢丝内的惯性效应（应力波传播效应）对钢丝的断裂有着不容忽视的影响，同时，也发现了钢丝材料具有应变率效应。随后，John Hopkinson 的儿子 Bertram Hopkinson 提出了一套装置（图 4.1），可测得炸药爆炸或子弹撞击产生的荷载随时间的变化曲线。该套装置主要包含了一根长的和一根短的圆柱形钢杆，长杆一端承受炸药爆炸或子弹撞击荷载，另一端与短杆相接，为保证接触良好，长杆与短杆的接触端面涂有少量黏性润滑剂。短杆的另一端设置有弹道摆。当炸药被点燃或子弹以高速撞击长杆，长杆内产生压缩应力波，并传播到短杆。该压缩应力波传播到短杆自由端面时被反射为拉伸应力波。当入射的压缩波与反射的拉伸波在长杆和短杆的接触端面叠加成净拉伸波时，短杆与长杆分离，并以一定的速度射出，撞击弹道摆。长杆、短杆和弹道摆均悬挂在空中。通过摆动幅度可以计算出长杆和短杆的动量。只要控制短杆的长度大于或等于入射压缩波脉冲长度的一半，就可保证反射拉伸波传播到接触端面时，入射压缩波已全部进入短杆，从而此时端面处的叠加结果为净拉伸波，长杆与短杆分离。这套装置被称为 Hopkinson 压杆。后来，Hopkinson 压杆被多位研究人员进行了改进，发展成了现今的分离式霍普金森压杆（split Hopkinson pressure bar，SHPB），由于 Kolsky 在其中作出的贡献最为突出，因此 SHPB 又被称为 Kolsky 杆。

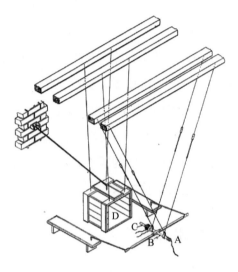

图 4.1　Bertram Hopkinson 提出的实验装置

　　常规的 SHPB 系统主要包括高压气枪、子弹、测速仪、入射杆、透射杆、能量吸收装置和数据采集装置，如图 4.2 所示。实验时，通过释放高压气枪内的气压使子弹拥有初速度，子弹初速度可通过改变气压控制。当子弹通过测速仪时，得到其具体速度值。随后，子弹撞击入射杆，从而在入射杆中产生一个入射压缩波，并开始传播。根据应力波基础理论，入射波的应力幅值 σ_{bu} 与撞击速度 v，持续时间 t 与子弹的长度 L_{bu} 有如下关系：

$$\sigma_{bu} = \frac{\rho_{bar} C v}{2} \tag{4.1}$$

$$t = \frac{2 L_{bu}}{C} \tag{4.2}$$

式中，ρ_{bar} 是杆件材料的密度，C 是杆材弹性波波速。也就是说，入射波的应力幅值可通过改变杆件材料和子弹速度控制，显然，一般情况下，改变子弹速度比改变杆件材料容易许多。而入射波的持续时间则只能通过变更杆件材料或子弹长度去改变。

　　当入射波沿着入射杆传播到试件后，引起试件高速变形。但由于入射杆和试件间的波阻抗存在差异，所以有一部分入射波反射回入射杆，成为反射波，而其余部分则在通过试件后进入透射杆，成为透射波。最后，透射波传入吸收杆，被阻尼装置吸收。入射波、反射波和透射波信号可通过贴在入射杆和透射杆上的应变片获得，并通过超动态应变仪等仪器采集、展示和保存。对这些信号进行分析和处理后，可计算出材料的应力和应变等数据。

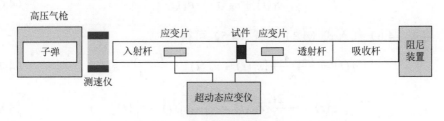

图4.2　常规分离式霍普金森压杆系统示意图

　　SHPB 实验技术要求杆一直处于弹性状态，且有两个基本假设：①杆中应力为一维应力波；②试件应力和应变沿加载方向分布均匀。在满足这些要求的前提下，试件的应力$\sigma(t)$，应变率$\dot{\varepsilon}(t)$和应变$\varepsilon(t)$可通过杆上的应变计算得到

$$\sigma(t) = \frac{E_{bar} A_{bar}}{2A} \left[\varepsilon_{I}(t) + \varepsilon_{R}(t) + \varepsilon_{T}(t) \right] \qquad (4.3)$$

$$\dot{\varepsilon}(t) = \frac{C}{l} \left[\varepsilon_{I}(t) - \varepsilon_{R}(t) - \varepsilon_{T}(t) \right] \qquad (4.4)$$

$$\varepsilon(t) = \frac{C}{l} \int_{0}^{t} \left[\varepsilon_{I}(t) - \varepsilon_{R}(t) - \varepsilon_{T}(t) \right] dt \qquad (4.5)$$

式中，$\varepsilon_{I}(t)$是入射杆和试件界面处的入射应变历史；$\varepsilon_{R}(t)$为入射杆和试件界面处的反射应变历史；$\varepsilon_{T}(t)$代表试件和透射杆界面处的透射应变历史；A_{bar}是杆件的横截面积，所有杆的横截面积均相同；A是试件的横截面积；E_{bar}为杆材弹性模量；C是杆材弹性波波速；l代表试件初始长度。虽然$\varepsilon_{I}(t)$、$\varepsilon_{R}(t)$和$\varepsilon_{T}(t)$应该是界面处的应变，但假若一维应力波假设得到满足，弹性波在细长杆中的传播不会发生畸变，测量这三个量的应变片无需贴在界面处。事实上，将入射杆上的应变片贴在入射杆中部，让透射杆上应变片贴在离端面稍远处，更有利于获取清晰的

入射波、反射波和透射波信号。

为了满足试件应力和应变在加载方向上分布均匀的假设，试件的初始长度 l 需远小于脉冲长度，也即需要远小于子弹长度 L_{bu}，这样才能保证脉冲能在短时间内在试件两端之间实现多次来回，使试件应力和应变达到均匀状态。所以 SHPB 实验用的试件通常较短。

在试件应变沿加载方向分布均匀的前提下，有

$$\varepsilon_I(t) + \varepsilon_R(t) = \varepsilon_T(t) \tag{4.6}$$

将式（4.6）代入式（4.3）～式（4.5）可得

$$\sigma(t) = \frac{E_{bar} A_{bar}}{A} [\varepsilon_I(t) + \varepsilon_R(t)] = \frac{E_{bar} A_{bar}}{A} \varepsilon_T(t) \tag{4.7}$$

$$\dot{\varepsilon}(t) = -\frac{2C}{l} \varepsilon_R(t) = \frac{2C}{l} [\varepsilon_I(t) - \varepsilon_T(t)] \tag{4.8}$$

$$\varepsilon(t) = -\frac{2C}{l} \int_0^t \varepsilon_R(t) dt = \varepsilon(t) = \frac{2C}{l} \int_0^t [\varepsilon_I(t) - \varepsilon_T(t)] dt \tag{4.9}$$

因为杆件一直处于弹性状态，因此只需考虑杆件的应力波传播效应，而无需考虑其应变率效应。而对于试件而言，由于入射脉冲时间宽度远大于应力波传播过去所需的时间，因此除了加载初期非常短的一段时间外，加载的大部分过程都无需考虑应力波传播效应，只需考虑应变率效应即可。这就是 SHPB 实验系统巧妙地将实验系统的应力波传播效应和试件的应变率效应解耦开来的原理。也因这个巧妙之处，SHPB 是目前应用最广泛的材料应变率效应测试系统之一。

随着现代实验技术的发展，SHPB 实验技术也不断得到完善。传统的 SHPB 实验中，仅使用应变片采集杆上的应变数据，所以只能获得试件的整体变形，对局部应变无能为力。但随着高速摄影技术的应用，试件的局部形变过程和裂纹扩展过程也能被同时记录下来，从而可更全面地评估材料的动态响应。因此，结合高速摄影技术的 SHPB 材料动态性能测试系统目前已非常常见。

4.2 双子弹电磁驱动霍普金森压杆

常规的 SHPB 系统所用杆件材料大多为金属，如钢、铝合金等。但对于软材

料，由于软材料的波阻抗很低，和金属杆的波阻抗相差太远，使用金属杆会导致透射波信号十分微弱。Wang 等（1994）率先提出采用相对低模量的聚合物杆代替传统金属杆。当然，除模量低外，杆件也需满足加载时一直处于弹性状态的条件。经过对多种材料的对比，研究人员认为聚碳酸酯是一种比较合适的材料。聚碳酸酯的密度大约为 1 183 kg/m^3，弹性模量大约为 1.35 GPa，远低于铝的 70 GPa 和钢的 200 GPa，准静态单轴压缩条件下的屈服强度大约为 74 MPa。根据这些数据可以大致推算，必须超过 100 m/s 的子弹速度才有可能使聚碳酸酯杆屈服，而实际实验中，子弹很少会达到如此高速。Sharma 等（2002）和 Chakravarty 等（2003）就选择了使用聚碳酸酯作为杆件材料。

4.2.1　双子弹电磁驱动设计

如 4.1 节所述，常见的 SHPB 系统大多采用高压气枪驱动子弹发射，这种方式往往驱动力大，适合质量较大的金属杆，而聚碳酸酯杆本身质量轻，一般无需太大的驱动力。另外，高压气枪驱动存在精度不高的缺点，容易造成实验重复性不佳。相比之下，电磁驱动虽然驱动力较小，但控制精度高（郭伟国等，2010；刘战伟等，2013），更适合聚碳酸酯杆使用。

早期的电磁驱动需要子弹自身是铁磁材料，聚碳酸酯显然不满足这要求。一些研究者曾采用在杆上缠绕线圈的方法使其具有磁性，但这种方法不仅驱动力较小，而且会导致入射波波形偏离正常梯形状，需要更多深入分析以修正入射波偏差。本书作者首创地提出了双子弹驱动法来解决这一问题（Xie et al.，2019）。

所谓双子弹电磁驱动法，顾名思义，子弹的数量从常规的一根变成两根，第一根为铁磁材料，可被外部的电磁场驱动，第二根为聚碳酸酯材料，实现普通子弹的功能，具体如图 4.3 所示。实验时，外部线圈产生电磁场，驱动铁磁子弹在子弹轨道中运动。聚碳酸酯子弹虽然不受外部磁场作用，但会被铁磁子弹推着向前运动，获得沿子弹轨道方向的速度。铁磁子弹运动到第一段子弹轨道中部时，受到的磁场力方向发生反转，开始减速，而聚碳酸酯子弹由于不受磁场力作用，继续以原速向前运动，两根子弹在此处逐渐分离。当铁磁子弹到达第一段子弹轨道尽头时，撞上缓冲块，彻底停止运动。而聚碳酸酯子弹与铁磁材料分离后，继续前行，直至与入射杆相撞。与其他驱动方法相比，双子弹电磁驱动法不会改变入射波波形，而且具备了电磁控制精度高的特点。但需注意保证子弹轨道足够光滑，避免因摩擦而使两个子弹产生"你追我赶"多次碰撞的情况，导致聚碳酸酯子弹内出现初始应力波。

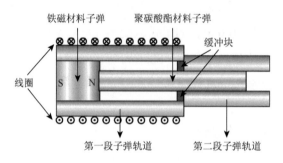

图 4.3　双子弹电磁驱动设计示意图

4.2.2　电磁驱动方案

电磁驱动方案的本质在于通过对线圈施加变化电场产生变化磁场，从而使磁场内的铁磁体被施加磁场力。相关技术已经非常成熟，这里提出的电路是根据实际需求给出的具体方案。电路图如图 4.4 所示，实验时，闭合电路总开关，使电路处于工作状态；根据实验需求设置直流电源的电压，然后连通充电电路为电容充电；充电完毕后，断开充电电路，连通放电电路，放电电路使 SHPB 系统子弹

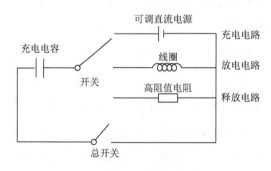

图 4.4　电磁驱动模块电路图

轨道处的线圈产生磁场，驱动铁磁材料子弹运动，继而触发聚碳酸酯材料子弹发射。释放电路的作用是保障安全，当充电电路出现故障，或充电后需要终止实验，则可接通释放电路，将电容内的电能释放到高阻值电阻上。

4.2.3 速度重复性验证

如4.2.1节中所述，使用电磁驱动取代常规的高压气体驱动是为了提高驱动的精准度，对此，这里进行了实验验证。使用的铁磁子弹是直径和长度均为30 mm的圆柱形钕铁硼永磁体，聚碳酸酯子弹直径为20 mm，而长度采用了200 mm和400 mm两种。聚碳酸酯子弹的发射速度通过激光测速仪测量，同一充电电压下，每根子弹均测试5次。测试结果如图4.5所示，可见测试结果重复性良好。这证实了此套电磁驱动系统可为SHPB实验提供良好的驱动可控性。

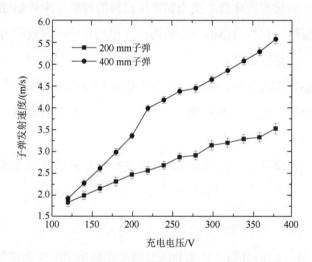

图4.5 子弹发射速度与充电电压关系（谢倍欣，2017）

既然子弹发射速度和充电电压间的关系稳定，那么可以根据这一关系设置一个速度-电压转换显示模块。该模块的作用是将测得的充电电压，根据预先标定的子弹发射速度-电压关系转换成子弹速度显示出来，以方便在实验过程中直观地获取子弹发射速度数据，提高实验效率。

4.2.4　黏弹性杆的弥散修正

如 4.1 节中所述,一维应力波假设是 SHPB 实验原理的基础假设之一。在这个假设下,杆中质点的横向运动可以被忽略,所以认为不在界面处的应变片所测得的信号和界面处的应变波一致。但杆的质点横向运动不是任何情况下都可忽略的,不可忽略时,就会存在应力波弥散现象。应力波弥散一般有两种,一种由杆的几何尺寸引起,称为几何弥散效应;另一种是由杆的材质引起,称为黏性弥散效应。

杆的几何尺寸带来的几何弥散现象通常是因为杆的直径过大。通过减小杆的直径可以在很大程度上减少弥散效应影响。当然,严格来说,直径再小的杆,杆中质点的应力状态都是三维的,只是直径小的时候影响可忽略而已。

聚碳酸酯杆的应力波弥散主要由黏弹性材料的材质带来的黏性弥散效应。应力波在杆中传播时,材料内部的分子链间产生相互作用,导致应力波的能量逐渐被耗散,从而产生弥散现象。

对于杆的黏性弥散效应,目前已有不少研究和修正方法。其中,波传播系数法(Bacon,1998)使用起来相对简单,且可同时修正几何弥散效应,因此得到了较为广泛的应用,下面简要介绍其原理。

根据应力波基础理论,应力波在细长圆柱杆中传播的波动方程在频域的表达式为

$$\frac{\partial^2}{\partial z^2}\sigma(x,\omega) = -\rho\omega^2\varepsilon(x,\omega) \tag{4.10}$$

其中,$\sigma(x,\omega)$ 和 $\varepsilon(x,\omega)$ 分别是应力和应变历史在频域空间中的傅里叶变换,ρ 是材料密度。而线性黏弹性材料在频域的一维本构方程式为

$$\sigma(x,\omega) = E^*(\omega)\varepsilon(x,\omega) \tag{4.11}$$

其中,$E^*(\omega)$ 代表材料的复数弹性模量。代表波频散和衰减的传播系数被定义为

$$\gamma^2(\omega) = -\frac{\rho\omega^2}{E^*(\omega)} = \alpha(\omega) + \mathrm{i}\frac{\omega}{C(\omega)} \tag{4.12}$$

式中,实部 $\alpha(\omega)$ 被称为衰减系数或者阻尼系数,虚部 $\omega/C(\omega)$ 被称为波数,$C(\omega)$

称为相速度。衰减系数 $\alpha(\omega)$ 是 $\alpha(0)=0$ 的正偶函数，波数 $\omega/C(\omega)$ 是奇函数，且这两者均为连续函数。在线性弹性杆的情况下，衰减系数为零，如果几何弥散效应可以忽略，则相速度不依赖于频率，那么，波的传播不发生弥散。

引入传播系数后，黏弹性杆轴向运动的一维方程变为

$$\left(\frac{\partial^2}{\partial x^2}-\gamma^2\right)\varepsilon(x,\omega)=0 \tag{4.13}$$

其通解

$$\varepsilon(x,\omega)=P(\omega)\mathrm{e}^{-\gamma x}+N(\omega)\mathrm{e}^{\gamma x} \tag{4.14}$$

其中，函数 $P(\omega)$ 和 $N(\omega)$ 是应变在 $x=0$ 处，波分别沿 x 增加和减少方向传播引起的轴向应变的傅里叶变换。至此，只要测量出函数 $P(\omega)$ 和 $N(\omega)$，并已知传播系数 $\gamma(\omega)$，就可以知道杆中质点的轴向速度和任意界面 x 处的法向力。

杆的衰减系数和波数可以通过实验测得，测试方法有两种，如图 4.6 所示。第一种方法是在杆上贴两组应变片，两组应变片的距离为 d_1，当应变波在杆中传播时，便可测得经历 d_1 距离后波的弥散状况，从而推算出杆的衰减系数和波数。第二种方法是仅在杆上贴一组应变片，获取入射波和在自由端反射回来的反射波信号，应变片与自由端的距离 d_2 需注意保证入射波和反射波不互相重叠，这种方法相当于分析波传播了 2 倍 d_2 距离后的弥散状态。这两种方法在原理上其实是类似的，选择任意一种皆可。

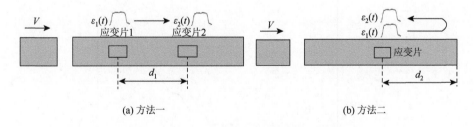

(a) 方法一　　　　　　　　　　　　　　(b) 方法二

图 4.6　测试杆的衰减系数和波数的方法示意图

4.3　测量结果与修正

在 4.1 节的 SHPB 实验原理介绍中提到，为了保证试件在加载过程中应力和

应变处于均匀状态，要求入射波脉冲长度远大于试件长度。然而，软材料自身波速低，要达到应力均匀的时间较长，应力非均匀时间占整个入射波脉冲长度的比例自然上升，这将导致实验曲线有效数据减少。为了避免这种情况，软材料试件的厚度往往较小，一般仅设为 1～2 mm。同时，为了避免端面效应影响，试件的直径不能远大于厚度，再综合考虑试件制备难度，试件直径一般是厚度的 2～4 倍。在本节中，不做特别说明时，PVA 水凝胶试件为厚度是 2 mm、直径是 8 mm 的薄圆柱体。

另外，由于与第二章不同，本章中没有拉伸实验，为了让图像更加直观，所以本章以压为正，即动态压缩实验中的应变和应力值均为正数。

4.3.1　环形试件带来的"副作用"

如图 4.7 所示，薄圆柱状的软材料试件在加载前期，应力-应变曲线会出现一个突兀的"尖峰"。这是因为，随着轴向应变的增大，试件也会产生径向变形，也就是说，试件在径向也有加速度和一个附加应力。这个附加应力会耦合到透射杆上应变片测得的信号中。对于传统的硬质材料，这附加应力的大小相比它们在轴向的响应非常小，完全可以忽略。但对于水凝胶材料，由于其泊松比接近 0.5，径

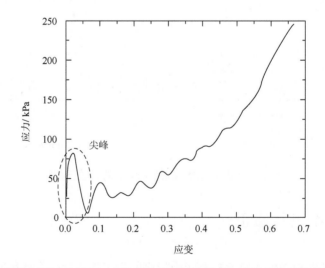

图 4.7　水凝胶材料试件 SHPB 实验曲线早期出现的"尖峰"现象（谢倍欣，2017）

向变形非常显著，且轴向应力较低，导致径向惯性带来的附加应力很可能与轴向应力在量级上相当，所以影响也非常显著。

为了解决这一问题，早期有学者（Song et al.，2007；Liao et al.，2014）提出了使用环形试件。环形试件可以很好地抑制径向变形，从而使附加应力降低，"尖峰"问题得以改善。然而，如图 4.8 所示的 PVA 水凝胶实验结果，环形试件虽然使"尖峰"减弱，但也使后期的实验曲线发生偏离。这是因为环形试件会显著增大环向应力。对于弹性模量能达到 MPa 量级的材料，这个环向应力远小于轴向应力，其影响可忽略，因此环形试件是解决"尖峰"问题的优质解。但对于 PVA 水凝胶这种超软材料，环向应力的影响非常显著，为了避免径向惯性效应而引入环向应力，显然不是最合适的方法。

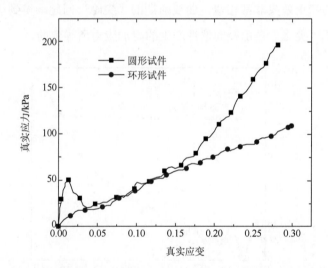

图 4.8 环形试件和圆形试件的真实应力-真实应变曲线对比（谢倍欣，2017）

在理论层面上，目前已有许多学者对横向惯性问题做过推导，并给出多种修正方案。例如，Davies 等（1963）推导出的附加应力 σ_i 表达式为

$$\sigma_i = \rho \left(\frac{h^2}{6} - v \frac{d^2}{8} \right) \ddot{\varepsilon} \tag{4.15}$$

式中，ρ、v、h 和 d 分别是试件的密度、泊松比、厚度和直径，$\ddot{\varepsilon}$ 是应变加速度。

Gorham（1989）针对不可压缩材料推导的附加应力表达式同时包含了应变率项和应变加速度项

$$\sigma_i = \rho\left(\frac{h^2}{6} + \frac{d^2}{64}\right)\dot{\varepsilon}^2 + \rho\left(\frac{h^2}{6} - \frac{d^2}{32}\right)\ddot{\varepsilon} \tag{4.16}$$

在曲线早期，应变率较小时，应变加速度较大，则式（4.16）中的第二项影响显著，解释了"尖峰"的出现。随着应变的增大，应变加速度减小，第二项的影响也逐渐减弱。

另外，Warren 等（2010）也针对不可压缩材料提出了附加应力表达式

$$\sigma_i = \frac{3\rho\, r_0^2}{16(1-\varepsilon)^3}\dot{\varepsilon}^2 + \frac{\rho\, r_0^2}{8(1-\varepsilon)^2}\ddot{\varepsilon} \tag{4.17}$$

其中，r_0 是试件的初始半径。

图 4.9 展示了 Gorham 和 Warren-Forrestal 两种修正方法的修正效果。可见，这两种方法的修正效果非常相似，曲线前期的"尖峰"问题均得到了一定缓解，由此也佐证了"尖峰"是由径向惯性产生的附加应力所导致的。

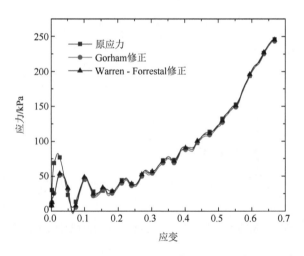

图 4.9　Gorham 修正公式和 Warren-Forrestal 修正公式的效果（谢倍欣，2017）

4.3.2　PVA 水凝胶的动态力学实验结果

图 4.10 展示了针对 PVA 水凝胶不同应变率条件下的测试结果。试件含水率分为 83%±1%、81%±1%、79%±1%、77%±1% 和 75%±1% 五种，应变率共有 $0.001\ \mathrm{s^{-1}}$、$0.01\ \mathrm{s^{-1}}$、$500\ \mathrm{s^{-1}}$、$800\ \mathrm{s^{-1}}$ 和 $1\,100\ \mathrm{s^{-1}}$ 五种。动态加载使用了上述的双子

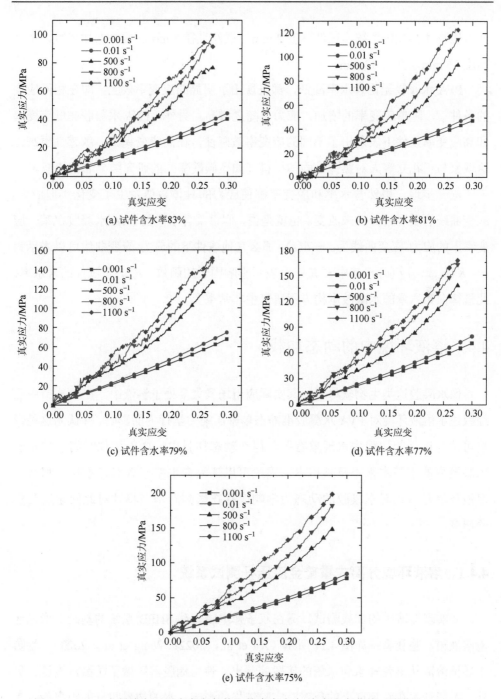

图 4.10　PVA 水凝胶在不同应变率条件下的真实应力-真实应变曲线（谢倍欣，2017）

弹电磁驱动 SHPB 系统，试件厚度 2 mm，试件直径 8 mm。准静态加载时，试件高度 36 mm，直径 33 mm。

PVA 水凝胶无论含水率高低，都表现出了明显的应变率效应，即在相同应变的条件下，随着应变率的增加，应力也随之增高。另外，PVA 水凝胶在低应变率和高应变率条件下表现出了不同的应变率敏感性，在高应变率下，敏感性更高，这现象与王礼立等人对黏弹性固体材料（如聚碳酸酯）的研究结果非常相似。

进一步地，虽然含水率和应变率都使应力的具体数值发生了变化，但应力-应变曲线的发展趋势并未改变。也就是说，假设某含水率的 PVA 水凝胶在某一应变率下的应力-应变曲线为 $\sigma = f(\varepsilon)$，那么其他条件下的应力-应变曲线可以表示为 $\sigma = K(r_{\text{water}}, \dot{\varepsilon}) f(\varepsilon)$，其中 K 是一个表示影响因子的函数，r_{water} 是试件的含水率。此规律在第六章的水凝胶本构方程研究中非常重要。

4.4　溶液环境中的动态加载

像水凝胶这类生物软材料，其实际应用场景大多处于溶液中。在 2.5 节中已经叙述了溶液环境对 PVA 水凝胶准静态单轴压缩力学行为的影响，并认为这种影响可能与试件的加载失水现象有关。但在动态加载中，由于加载时间非常短，水凝胶内的水基本来不及被挤出，因此可以认为含水率一直保持不变。那么，溶液环境是否仍对水凝胶的动态力学响应存在影响？本节将针对此问题展开实验研究。

4.4.1　溶液环境分离式霍普金森压杆测试系统

要实现溶液中的加载测试，需在双子弹电磁驱动 SHPB 系统的基础上增加环境溶液箱，整套系统如图 4.11 所示（Xu et al., 2022；Wang et al., 2023）。为防止环境溶液从滚轮轴承和水箱的接驳处漏出，使用橡胶薄膜做了防漏水设施。另外，为降低水在水箱壁上的反射对实验结果的影响，水的边界与杆的距离最少是杆直径的 5 倍。

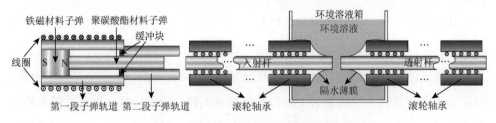

图 4.11 溶液环境 SHPB 测试系统示意图

4.4.2 没有试件时溶液传递的荷载

入射杆和透射杆之间的溶液也可传递应力波。图 4.12 展示的正是没有放置试件，但入射杆和透射杆初始距离为 2 mm 时的情况，2 mm 正是后续会使用的试件的厚度。对于硬质材料，水的力响应一般可忽略不计。但对于软材料，尤其是超软材料，水的力可能与试件自身的相当，因此会对材料的力学响应数据采集造成严重影响。所以，有必要对环境溶液在 SHPB 加载下的力学响应做必要分析，以得到修正方案。

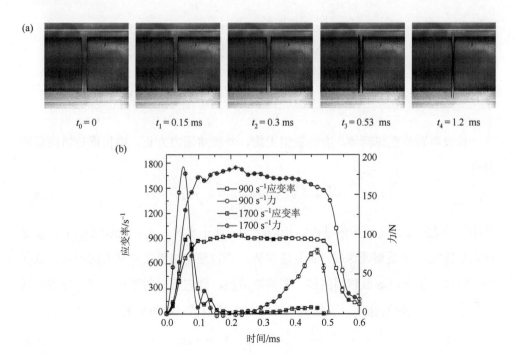

图 4.12 没有试件时，使用高速摄影系统拍摄到的加载过程（a）及力的响应（b）（Xu et al., 2022）

从图 4.12（b）中的力-时间曲线可看出，环境溶液的响应可大致分为两个阶段：第一阶段，持续时间短但幅值陡峭的峰值；第二阶段，持续时间长但应力水平相对较低的波动。观察对应的时间-应变率曲线，可发现第一阶段应变率在上升，而第二阶段开始时（大约 0.15 ms），应变率进入稳定阶段。整个加载过程大约结束于 0.53 ms。再观察通过高速摄影记录的加载过程，时间在 0.3 ms 时，可看到出现了大量微小的气泡，这些气泡应是由负压带来的水蒸发现象造成的。另外，在 0.53 ms，也就是加载结束之前，水的流动可以认为是稳定的。

既然水的流动是稳定的，那么在考虑入射杆和透射杆间的液体时，可以将其简化为一个平面应变问题，流场分布如图 4.13 所示，其速度表达式为

$$v(r,t) = -\frac{\dot{h}(t)}{2h(t)}r \tag{4.18}$$

其中，$\dot{h}(t)$ 是加载速率的负数，可通过实验测得；$h(t)$ 是入射杆和透射杆之间的距离，相当于试件的厚度，可通过对 $\dot{h}(t)$ 积分获得。

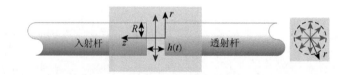

图 4.13   无试件时，入射杆和透射杆之间溶液的流场分布示意图

假设溶液是理想流体，有质量但无旋，并规定压力为正，则根据拉格朗日积分有

$$\frac{p}{\rho_s} + \frac{1}{2}v^2 + gH + \frac{\partial \varphi}{\partial t} = f(t) \tag{4.19}$$

其中，p 是压强；ρ_s 是溶液密度，当溶液为去离子水时，$\rho_s = 1\,000$ kg/m³；g 是重力加速度；H 是溶液深度；φ 是速度势；$f(t)$ 是与边界条件有关的函数，且在同一时刻，整个流场取相同的值。若溶液较浅，则它带来的静水压相对冲击荷载非常小，所以 gH 可忽略。又因为 $\partial \varphi / \partial r = v$，所以式（4.19）变为

$$\frac{p(r)}{\rho_s} + \frac{1}{2}v^2 + \int_{\infty}^{r} \dot{v}\,\mathrm{d}r = f(t) \tag{4.20}$$

在杆的轴线处，也即 $r = 0$ 的位置，$v = 0$，根据式（4.20）有

$$\frac{p(0)}{\rho_{\rm s}} + \int_{\infty}^{0} \dot{v}\,{\rm d}r = f(t) \tag{4.21}$$

用式（4.20）减去式（4.21）可得

$$\frac{p(r) - p(0)}{\rho_{\rm s}} + \frac{1}{2}v^2 + \int_0^r \dot{v}\,{\rm d}r = 0 \tag{4.22}$$

结合式（4.18）和式（4.22）有

$$p(r) = p(0) - \rho_{\rm s}\frac{3\dot{h}^2 - 2\ddot{h}h}{8h^2}r^2 \tag{4.23}$$

在入射杆的端面，入射应力波和反射应力波的和等于水压在这个面的积分，也即

$$F_{\rm NoSpecimenInWater}(t) = \int_0^R 2\pi rp\,{\rm d}r = \pi R^2 p(0) - \pi\rho_{\rm s}\frac{3\dot{h}^2 - 2\ddot{h}h}{16h^2}R^4 \tag{4.24}$$

R 是杆的半径。

根据式（4.23）和式（4.24），可直接通过实验测得 $p(0)$ 和 $p(r)$

$$p(0) = \frac{F_{\rm NoSpecimenInWater}(t)}{\pi R^2} + \rho_{\rm s}\frac{3\dot{h}^2 - 2\ddot{h}h}{16h^2}R^2 \tag{4.25}$$

$$p(r) = \frac{F_{\rm NoSpecimenInWater}(t)}{\pi R^2} + \rho_{\rm s}\frac{3\dot{h}^2 - 2\ddot{h}h}{16h^2}R^2 - \rho_{\rm s}\frac{3\dot{h}^2 - 2\ddot{h}h}{8h^2}r^2 \tag{4.26}$$

4.4.3　有试件时溶液传递的荷载

大多数水凝胶或者生物软组织都可视为不可压缩材料，这点和水相似。所以有试件时，对整个流场的描述和只有水时也是相似的。同时，边界条件也没有被改变。所以在上节中的分析在这节中同样适用，只是有一部分水被试件所代替，也即入射杆与透射杆之间的水变成了环形。假设试件的初始半径为 r_0，即时半径为 r，因为试件体积可认为不变，所以有 $r^2 = r_0^2 h_0/h$。另外，标记杆的半径为 R。那么，水传递的合力为

$$F_{\text{SpecimenInWater(Water)}}(t) = \int_{r_0}^{R} 2\pi r p\, \mathrm{d}r$$

$$= F_{\text{NoSpecimenInWater}}(t)\frac{R^2 - r_0^2}{R^2} - \pi\rho_s\frac{3\dot{h}^2 - 2\ddot{h}h}{16h^2}r_0^2(R^2 - r_0^2) \tag{4.27}$$

从 SHPB 系统获得的总响应是试件和水的和

$$F_{\text{SpecimenInWater}}(t) = F_{\text{SpecimenInWater(Specimen)}}(t) + F_{\text{SpecimenInWater(Water)}}(t) \tag{4.28}$$

此处使用硅胶对上述方法进行实验举例。之所以使用硅胶，是因为硅胶与水凝胶一样质软，泊松比接近 0.5，但内部没有液体，因此不会因与外界溶液发生交换而导致体积变化。硅胶试件半径取 4 mm，厚度取 2 mm，子弹的撞击速度取 1 m/s、2 m/s 和 3 m/s 三种。实验结果如图 4.14 [（a）～（c）] 所示，可见，环境溶液的响应确实有可能在量级上与试件自身的相当。

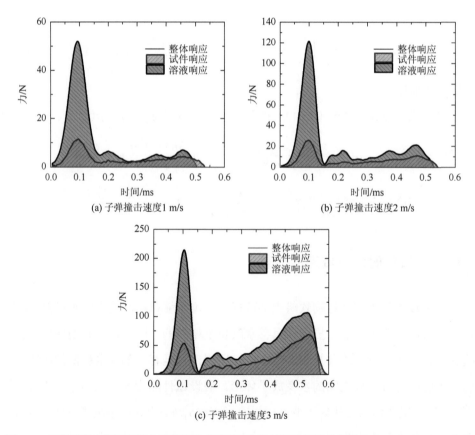

(a) 子弹撞击速度1 m/s　　　　　　　　(b) 子弹撞击速度2 m/s

(c) 子弹撞击速度3 m/s

图 4.14　硅胶试件在溶液环境中的整体响应及提取出的试件和溶液分别的响应（Xu et al.，2022）

4.4.4 非单轴应力状态造成的轴向附加应力

在溶液的包围下，试件其实不再处于单轴应力状态，四周同时受到了围压作用，标记某一时刻试件受到的围压为 $p(r)$，如图 4.15 所示。

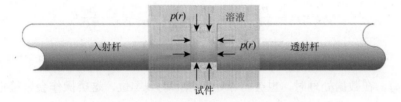

图 4.15 试件在环境溶液中受到围压作用

假设水凝胶是各向同性的超弹性材料，那么它的三个主应力存在关系

$$\sigma_z = E\varepsilon_z + v(\sigma_x + \sigma_y) \tag{4.29}$$

再假设水凝胶材料不可压缩，即 $v = 0.5$，又已知 $\sigma_x = \sigma_y = p(r)$，那么式（4.29）变为

$$\sigma_z = E\varepsilon_z + p(r) \tag{4.30}$$

那么，在一维应力状态下，试件的轴向荷载等于

$$F_z = \pi r^2 [\sigma_z - v(\sigma_x + \sigma_y)] = F_{\text{SpecimenInWater(Specimen)}} - \pi r^2 p(r) \tag{4.31}$$

将式（4.25）～式（4.27）代入式（4.31）有

$$F_z = F_{\text{SpecimenInWater}}(t) - F_{\text{NoSpecimenInWater}}(t) + \pi \rho_s \frac{3\dot{h}^2 - 2\ddot{h}h}{16h^2} r^4 \tag{4.32}$$

式（4.32）计算的正是排除了环境溶液影响后力的合理响应。而在应变响应方面，环境溶液的静水压同样会造成一定影响，这个影响是试件放入溶液中后就立即存在的，与 SHPB 测试系统无关，是否需要予以剔除需要看实际情况。在仅有环境溶液的静水压作用时，容易知道试件在三个主方向上的应力、应变分别为

$$\sigma_x = \sigma_y = \sigma_z = p_0 \tag{4.33}$$

$$\varepsilon_x = \varepsilon_y = \varepsilon_z = \frac{p_0}{3K} \tag{4.34}$$

其中，p_0 是环境溶液的静水压，而 K 则是试件的体积模量。所以，可以构建出一个单轴应力状态

$$\sigma_{zz} = \sigma_z - p_0, \ \sigma_{xx} = 0, \ \sigma_{yy} = 0 \tag{4.35}$$

$$\varepsilon_{zz} = \varepsilon_z - \frac{p_0}{3K}, \ \varepsilon_{xx} = \varepsilon_x - \frac{p_0}{3K}, \ \varepsilon_{yy} = \varepsilon_y - \frac{p_0}{3K} \tag{4.36}$$

事实上，无论是准静态还是动态实验，都会有将试验机初始数据"归零"的操作，即使没有，在数据处理时，也会将原始数据挪动到零位，这类操作会直接把 p_0 去掉，也就是，式（4.35）展现的静水压对应力响应的影响，在应力-应变曲线中一般无法体现。应变修正方面，因为水凝胶含水率高，水凝胶的体积模量一般很大，通常可以认为接近水的体积模量 $K_{\mathrm{water}} \approx 1.96 \ \mathrm{GPa}$，若静水压 p_0 相对很小，$p_0/3K$ 是完全可以忽略的，那么应变响应就无需额外修正。

　　此处同样以硅胶试件作为实验举例材料，将溶液环境和空气环境得到的材料无侧压响应进行比较，实验条件与上一小节相同，即试件半径取 4 mm，厚度取 2 mm，子弹的冲击速度取 1 m/s、2 m/s 和 3 m/s 三种，结果如图 4.16 所示。由于硅胶不会因环境溶液发生体积改变，其在空气环境和溶液环境中的响应应该是相似的，正如图 4.16 中情况，这个结果证明了这套分析方法的合理性。

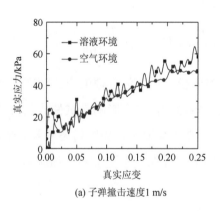

(a) 子弹撞击速度1 m/s

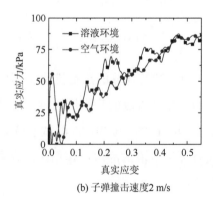

(b) 子弹撞击速度2 m/s

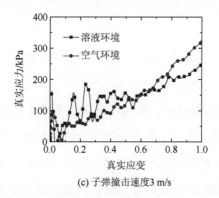

(c) 子弹撞击速度3 m/s

图 4.16　硅胶材料在溶液环境和空气环境的真实应力-真实应变曲线（Xu et al.，2022）

4.4.5　水凝胶材料在溶液环境中的动态实验结果

本小节将使用以上分析方法，对水凝胶材料在溶液环境中的动态力学行为进行实验研究。试件半径和厚度依然分别为 4 mm 和 2 mm，应变率有 1 000 s^{-1} 和 2 000 s^{-1} 两种。所用水凝胶为海藻酸钠-丙烯酰胺-假酸浆复合水凝胶。图 4.17 展示了该水凝胶在溶液（去离子水）环境和空气环境中不同应变率条件的实验结果。

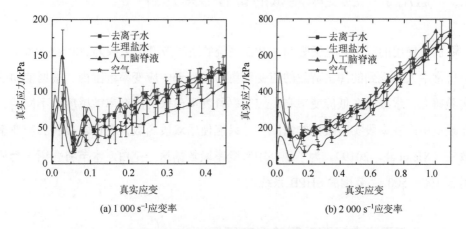

(a) 1 000 s^{-1}应变率　　　　　　　　　　(b) 2 000 s^{-1}应变率

图 4.17　水凝胶在空气环境和溶液环境的真实应力-真实应变曲线

与 2.5.3 节中准静态条件下的实验结果（图 2.21）不同，真实应力-真实应变曲线在去离子水、生理盐水和人工脑脊液这三种环境中几乎没有区别。这可能是因为，准静态实验时，加载时间一般可长达 10 min 以上，试件中的水有充分的时间与外界溶液发生交互，而在动态实验中，加载时长一般不超过 1 ms，试件内的液体无法与外界发生显著交互，因此不同溶液的化学势对试件的影响几乎不可见。

但即使应变率高达 2 000 s^{-1}，空气环境和溶液环境中的真实应力-真实应变曲线仍然有很明显的区别，且与准静态中的实验结果相反，空气环境中的应力低于溶液环境中的。因为环境溶液的围压作用已被式（4.32）剔除，试件内部的水又没有足够的时间与环境发生交互，目前对这现象仍没有可靠的解释。可以确定的是，水凝胶空气和溶液中的区别最少有两个因素在影响，且这两个因素的效果应该是相反的，其中一个因素是应变率，所以才呈现出了低应变率下空气环境中的应力值高，而高应变率下则是溶液环境中的高的现象。

另外，与前面的 PVA 水凝胶一样（图 4.10），海藻酸钠-丙烯酰胺-假酸浆复合水凝胶同样表现出显著的应变率敏感性，加载环境对应变率敏感性影响不大。所以，应变率敏感是水凝胶类材料的一个常见特征。

4.5　适用于中应变率测试的霍普金森压杆

前文使用的双子弹电子驱动 SHPB 系统的适用应变率范围为 500～1 800 s^{-1}。但日常中人体受到的冲击荷载的应变率更多地处于中应变率范围内。根据前面的实验研究，水凝胶在低应变率和高应变率段表现出来的应变率敏感度是不同的。在缺少中应变率段实验数据的情况下，只能使用双段函数来表征水凝胶的应变率效应（Xie et al.，2019）。为了填补中应变率段数据这一空白，本节将介绍一套适用于 100～500 s^{-1} 范围的 SHPB 系统。

4.5.1　长双子弹电磁驱动霍普金森压杆

中应变率一般指 1～100 s^{-1}（也有说法是 5～500 s^{-1}）。图 4.10 的实验结果仅包括了低应变率和高应变率，中应变率段的数据完全空白。又容易从图 4.10 看出，水凝胶在低应变率和高应变率下具有不同的应变率敏感性，使用低应变率和高应变率的结果推导中应变率的显然不妥。因此，有必要补充中应变率条件下的实验，事实上，缺少中应变率段的数据是很多生物软组织研究中面临的问题（Pervin et al.，2009；王宝珍等，2010）。

然而，中应变率加载虽然也可使用 SHPB 系统，但实现起来较为困难。这是因为，根据应力波原理有

$$\dot{\varepsilon}_{\min} = \frac{\varepsilon_{\max}C}{2L_{\text{in}}} \tag{4.37}$$

其中，$\dot{\varepsilon}_{\min}$ 是 SHPB 系统单个连续荷载可以达到的最小应变率，$\varepsilon_{\max}$ 是试件产生的最大应变，L_{in} 是入射杆的长度，C 是杆材弹性波波速。若要实现较低的 $\dot{\varepsilon}_{\min}$，在不改变实验系统的情况下，$\varepsilon_{\max}$ 必然也会变小，过小的 $\varepsilon_{\max}$ 显然无法满足实验需求，尤其是对可以发生大变形的水凝胶材料，通常期望最大应变能达 0.5 以上。所以，$\varepsilon_{\max}$ 过小的问题必须解决。

根据式（4.37），在相同的 $\dot{\varepsilon}_{\min}$ 条件下，使用聚合物杆代替金属杆，降低杆材的波速 C 可以起到一定的提高 $\varepsilon_{\max}$ 的效果，但提高幅度有限，通常依然不足以满足实验需求，过分降低波速 C 显然也不可取。相比较而言，入射杆的长度 L_{in} 是最容易改变的量。理论上，只要入射杆足够长，无论多低的应变率都可以保证试件可实现足够的应变（Song et al.，2008）。

在此理论支持下，本节介绍了一种总长 16 m 的双子弹电磁驱动霍普金森压杆系统。该系统的原理以及驱动方案与前面几节中介绍的相同。子弹长度变为 4 m，入射杆长 5 m，透射杆长 5 m。装置的实物如图 4.18 所示。

传统 SHPB 装置使用贴在入射杆中部的应变片来测得完整的入射波和反射波，因此需要限制子弹长度小于入射杆的 1/2，也就是 4 m 的子弹，入射杆需长于 8 m。但倘若如此，不仅能放下整套装置的实验场地很难寻找，而且杆件本身也很难加工制造。针对这一问题，Zhao 等（1997）提出了在入射杆接近首尾处各贴 2 个应变片的方法，通过波的传播和叠加原理分解出重叠在一起的入射波和反射波，从而使入射杆长度可与子弹相差无几。如图 4.19（a）所示，INC-1、INC-2、TRA 分别是入射杆上 2 个应变片和透射杆上的应变片所测得的原始信号，其中 INC-1 是完整的入射波，INC-2 则是入射波和反射波叠加的结果。应变片 1 测得的信号

INC-1 经过波传播系数法处理后可以得到它在应变片 2 处的信号，与 INC-2 相减即可得到完整的反射波。试件端面的入射波、透射波、反射波如图 4.19（b）所示，实验过程中的试件应力平衡假设得到验证。

图 4.18　长双子弹电磁驱动霍普金森压杆实物图

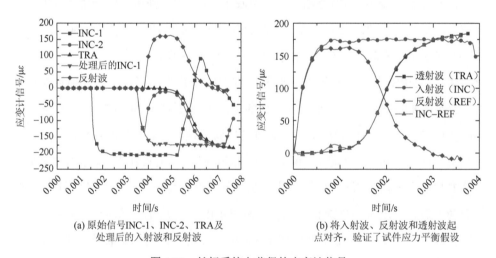

(a) 原始信号INC-1、INC-2、TRA及 处理后的入射波和反射波

(b) 将入射波、反射波和透射波起 点对齐，验证了试件应力平衡假设

图 4.19　长杆系统上获得的应变计信号

4.5.2　实验结果

图 4.20 展示了含水率 83%±1%的 PVA 水凝胶在空气环境中的实验结果，包含了 3 种低应变率（0.001 s^{-1}、0.01 s^{-1}、0.1 s^{-1}），两种中应变率（100 s^{-1}、350 s^{-1}）和两种高应变率（1 000 s^{-1}、1 500 s^{-1}）加载条件。低应变率加载使用万能试验机进行，高应变率加载使用 4.2 节中的双子弹电磁驱动霍普金森压杆实现，而中应变率则采用本节提出的长双子弹电磁驱动霍普金森压杆。

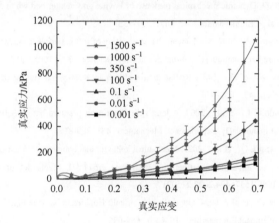

图 4.20　PVA 水凝胶在多种应变率下的单轴压缩真实应力-真实应变曲线（实验环境为空气）

参 考 文 献

郭伟国，赵融，魏腾飞，等，2010. 用于 Hopkinson 压杆装置的电磁驱动技术[J]. 实验力学，25（6）：682-689.

刘战伟，吕新涛，陈喜民，等，2013. 基于多级电磁发射的 mini-SHPB 装置[J]. 实验力学，28（5）：557-562.

卢芳云，陈荣，林玉亮，等，2013. 霍普金森杆实验技术[M]. 北京：科学出版社.

王宝珍，胡时胜，2010. 猪后腿肌肉的冲击压缩特性实验[J]. 爆炸与冲击，30（1）：33-38.

王礼立，2005. 应力波基础[M]. 北京：国防工业出版社.

余同希，邱信明，2011. 冲击动力学[M]. 北京：清华大学出版社.

谢倍欣，2017. 轻软材料的动态测试技术及性能研究[D]. 广州：华南理工大学.

Bacon C，1998. An experimental method for considering dispersion and attenuation in a viscoelastic Hopkinson bar[J]. Experimental Mechanics，38：242-249.

Chakravarty U，Mahfuz H，Saha M，et al.，2003. Strain rate effects on sandwich core materials：An experimental and analytical investigation[J]. Acta Materialia，51（5）：1469-1479.

Davies E D H，Hunter S C，1963. The dynamic compression testing of solids by the method of the split Hopkinson pressure bar[J]. Journal of the Mechanics and Physics of Solids, 11 (3): 155-179.

Gorham D A, 1989. Specimen inertia in high strain-rate compression[J]. Journal of Physics D: Applied Physics, 22 (12): 1888-1893.

Hopkinson J, 1872. On the rupture of iron wire by a blow[C]. Proceedings of the Literary and Philosophical Society of Manchester, 11: 40-45.

Hopkinson B, 1914. A method of measureing the pressure produced in the detonation of high explosives or by the impact of bullets[J]. Philosophical Transactions of the Royal Society of London, 213 (612): 437-456.

Kolsky H, 1949. An investigation of the mechanical properties of materials at very high rates of loading[J]. Proceedings of the Physical Society. Section B, 62 (11): 676.

Liao H, Chen W, Chiarito V P, 2014. Mechanical response of a soft rubber compound compressed at various strain rates[J]. Mechanics of Time-Dependent Materials, 18: 123-137.

Pervin F, Chen W W, 2009. Dynamic mechanical response of bovine gray matter and white matter brain tissues under compression[J]. Journal of Biomechanics, 42 (6): 731-735.

Sharma A, Shukla A, Prosser R A, 2002. Mechanical characterization of soft materials using high speed photography and split Hopkinson pressure bar technique[J]. Journal of Materials Science, 37: 1005-1017.

Song B, Ge Y, Chen W W, et al., 2007. Radial inertia effects in Kolsky bar testing of extra-soft specimens[J]. Experimental Mechanics, 47: 659-670.

Song B, Syn C J, Grupido C L, et al., 2008. A long split Hopkinson pressure bar (LSHPB) for intermediate-rate characterization of soft materials[J]. Experimental Mechanics, 48: 809-815.

Wang J Y, Zhang Y R, Tang L Q, et al., 2023. Mechanical behavior and constitutive equations of porcine brain tissue considering both solution environment effect and strain rate effect [J]. Mechanics of Advanced Materials and Structures. DOI: 10.1080/15376494.2022.2150917.

Wang L, Labibes K, Azari Z, et al., 1994. Generalization of split Hopkinson bar technique to use viscoelastic bars[J]. International Journal of Impact Engineering, 15 (5): 669-686.

Warren T L, Forrestal M J, 2010. Comments on the effect of radial inertia in the Kolsky bar test for an incompressible material[J]. Experimental Mechanics, 50 (8): 1253-1255.

Xie B X, Xu P D, Tang L Q, et al., 2019. Dynamic mechanical properties of polyvinyl alcohol hydrogels measured by double-striker electromagnetic driving SHPB system[J]. International Journal of Applied Mechanics, 11 (2): 1950018.

Xu P D, Tang L Q, Zhang Y R, et al., 2022. SHPB experimental method for ultra-soft materials in solution environment[J]. International Journal of Impact Engineering, 159: 104051.

Zhao H, Gary G, Klepaczko J R, 1997. On the use of a viscoelastic split Hopkinson pressure bar[J]. International Journal of Impact Engineering, 19 (4): 319-330.

第五章　水凝胶力学行为的数值表征

前面通过准静态压缩、拉伸、压入、鼓泡和动态压缩这些实验手段对水凝胶的宏观力学行为有了一定了解。而宏观力学行为的特征往往反映出的是材料细观结构的变化。只是相比宏观行为而言，直接通过实验观测和统计细观结构的变化要困难许多，借助细观结构模型，可以在一定程度上解决这个问题，揭示材料的部分力学行为的机理。

5.1　三维 PVA 水凝胶的纤维网络模型

水凝胶由交联高分子网络和水组成，这两部分对水凝胶的宏观力学性能都有重要贡献。由于水的作用在一定程度上依赖于高分子网络起效，所以在本节中首先建立高分子网络的模型，研究其性能对水凝胶宏观行为的影响，再在此基础上考虑水的作用。

5.1.1　水凝胶的细观结构

图 5.1 展示了两种水凝胶材料的细观结构，其中 PVA/DMSO 水凝胶是很典型的纤维网络结构，而假酸浆水凝胶（一种果胶）虽然部分孔洞有胞壁，但也可以看到清晰的纤维网络脉络。也就是说，纤维网络结构是水凝胶细观结构的主要特征。根据这一结构特征，可建立相似的纤维网络模型，以模拟水凝胶在各种荷载下的力学行为，并统计纤维网络各种结构参数的变化，从而揭示水凝胶宏观力学行为背后的细观机理（Molteni et al.，2013；Jin et al.，2009；Stein et al.，2011；Lee et al.，2014；Quinn et al.，2007）。

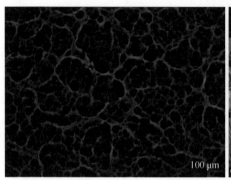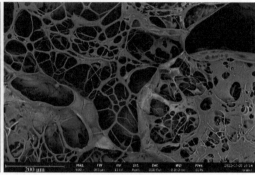

(a) PVA/DMSO水凝胶（DMSO: 二甲基亚砜）　　　　　　　　　　(b) 假酸浆水凝胶

图 5.1　在电子显微镜下观察到的水凝胶细观结构

5.1.2　网络模型生成方法

此处以各向同性的纤维网络为例介绍模型建立方法（Dong et al.，2017；Zhang et al.，2020）。若非各向同性网络，只需在生成纤维方向时，在不同方向设置不同的概率限制即可，其余步骤皆相似。

首先，需要随机生成纤维段。如图 5.2（a）所示，指定一立体空间，往内随机投放一点，假设空间尺寸为 $l \times m \times n$，则点的坐标生成可采用随机数

$$x = \text{random}[0, l]$$
$$y = \text{random}[0, m]$$
$$z = \text{random}[0, n]$$

然后以该点为起点，建立局部球坐标系，生成一随机方向

$$\theta = \text{random}[0, \pi]$$
$$\phi = \text{random}[0, \pi]$$

终点的最后一个局部球坐标值为预先设定的纤维长度 L_0。将终点在局部球坐标系上的坐标值转换到全局直角坐标系上有

$$x' = x + L_0 \sin\theta \cos\phi$$
$$y' = y + L_0 \sin\theta \sin\phi$$
$$z' = z + L_0 \cos\theta$$

假若纤维段超出指定立体空间，则截断，仅保留空间内的部分。重复以上操作，直至纤维段数量达到预期。

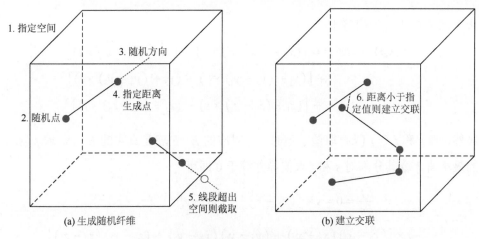

(a) 生成随机纤维   (b) 建立交联

图 5.2 建立随机纤维网络模型方法示意图

纤维段数量达到预期值后，纤维段与纤维段之间需生成交联才能最终形成网络。生成交联的判据是两根纤维之间的距离，若距离小于指定值，则分别在两根纤维距离最短的两个点上生成一个交联，如图 5.2（b）所示，这两个点称为交联点。所有纤维段都要两两判断距离。

计算纤维段之间距离的算法有很多，此处介绍其中一种。假设已知空间内的两段纤维 AB 和 CD，且已知 A、B、C、D 四点的坐标分别为 $A(x_1,y_1,z_1)$、$B(x_2,y_2,z_2)$、$C(x_3,y_3,z_3)$ 和 $D(x_4,y_4,z_4)$，再假设它们之间距离最短的点分别为 E（在线段 AB 上）和 F（在线段 CD 上），且 E 和 F 的坐标分别为 $E(u_1,v_1,w_1)$ 和 $F(u_2,v_2,w_2)$，那么 EF 的长度即是 AB 和 CD 的距离

$$|EF| = \sqrt{(u_1 - u_2)^2 + (v_1 - v_2)^2 + (w_1 - w_2)^2}$$

设立两个参数 s 和 t，并规定 $0 \leqslant s \leqslant 1$，$0 \leqslant t \leqslant 1$，那么 E 点和 F 点的坐标又可表示为

$$u_1 = x_1 + (x_2 - x_1) \times s$$
$$v_1 = y_1 + (y_2 - y_1) \times s$$
$$w_1 = z_1 + (z_2 - z_1) \times s$$
$$u_2 = x_3 + (x_4 - x_3) \times t$$
$$v_2 = y_3 + (y_4 - y_3) \times t$$
$$w_2 = z_3 + (z_4 - z_3) \times t$$

从而 $|EF|$ 的平方的值等于

$$f(s,t) = |EF|^2 = [(x_1 + (x_2 - x_1) \times s) - (x_3 + (x_4 - x_3) \times t)]^2$$
$$+ [(y_1 + (y_2 - y_1) \times s) - (y_3 + (y_4 - y_3) \times t)]^2$$
$$+ [(z_1 + (z_2 - z_1) \times s) - (z_3 + (z_4 - z_3) \times t)]^2$$

显然，当 s 和 t 令 $f(s,t)$ 取最小值时，所对应的 E、F 就是真实的 E、F。求 $f(s,t)$ 的最小值，令其分别对 s 和 t 求偏导并等于 0 即可

$$\frac{\partial f}{\partial s} = 0 = s \times [(x_2 - x_1)^2 + (y_2 - y_1)^2 + (z_2 - z_1)^2]$$
$$-t \times [(x_2 - x_1)(x_4 - x_3) + (y_2 - y_1)(y_4 - y_3) + (z_2 - z_1)(z_4 - z_3)]$$
$$+ [(x_2 - x_1)(x_1 - x_3) + (y_2 - y_1)(y_1 - y_3) + (z_2 - z_1)(z_1 - z_3)]$$

$$\frac{\partial f}{\partial t} = 0 = t \times [(x_4 - x_3)^2 + (y_4 - y_3)^2 + (z_4 - z_3)^2]$$
$$+s \times [(x_2 - x_1)(x_4 - x_3) + (y_2 - y_1)(y_4 - y_3) + (z_2 - z_1)(z_4 - z_3)]$$
$$+ [(x_1 - x_3)(x_4 - x_3) + (y_1 - y_3)(y_4 - y_3) + (z_1 - z_3)(z_4 - z_3)]$$

联立上面两式求解 s 和 t，便可知 E 和 F 的坐标。需要注意的是，若 s 小于 0 或大于 1，说明 E 落在 AB 的延长线上，t 的情况同理，此时需进一步判断。若仅有 s 小于 0 或大于 1，那么 $|FA|$ 和 $|FB|$ 之间的较小值是 AB 和 CD 的距离；若仅有 t 小于 0 或大于 1，则在 $|EA|$ 和 $|EB|$ 之间选较小值；若 s 和 t 均不在 0 和 1 范围，则需比较 $|AC|$、$|AD|$、$|BC|$ 和 $|BD|$，它们中的最小值是所求距离。

　　交联的实体可以是弹簧，也可以是连接器，作用是限制这两根纤维之间的相对位移，相对转动无需约束。而判断是否存在交联的距离阈值一般设置为纤维的直径即可。若一根纤维与其他纤维没有任何交联，则拉伸荷载无法传递给它；若一根纤维上仅有一个交联点，则拉伸荷载基本仅会使它产生刚体运动，它自身对模型的承载几乎无任何贡献。这两种情况的纤维我们称为孤立纤维。在建立模型时我们会先去除所有孤立纤维。部分孤立纤维的去除可能会使原本看起来并非孤立纤维的纤维变为孤立纤维，所以需要多次判断，直至所有纤维都满足具有两个以上交联点的条件为止。若删除掉所有不满足要求的纤维后，与预期相比，模型的纤维数量过少，则需提高初始随机纤维段的数量，再次生

成模型，直至模型满足纤维含量需求。

纤维在有限元模型中可以是杆单元也可以是梁单元。在早期的模型研究中以杆单元居多，而后来则更多使用梁单元。这是因为，与杆单元相比，梁单元虽然会增加计算成本，但具有可以传递弯矩的优势，与实际水凝胶中的高分子纤维的力学行为更加接近，从而使模型具有更高的计算精度。

由于纤维段的生成是随机的，所以即使是用同一段程序生成出来的两个模型也会不相同。但模型需要具有良好的可重复性，也就是只要网络的结构参数相同，它们的计算结果应基本重合。影响可重复性的主要因素有模型的立体空间大小、纤维的初始投放长度和交联的最大尺寸。其中，交联的最大尺寸是由纤维的直径决定的，而纤维直径根据水凝胶显微观察结果确定，所以是个不变值。那么，需要考察的仅有模型的立体空间大小和纤维的初始投放长度这两个参数。为了考察这两个参数，作者共建立了 75 个模型（纤维直径均为 3 μm），最终得到以下结论：①若纤维的初始投放长度过小（对本节建立的纤维模型是小于 10 μm），模型的重复性都很差；②若纤维的初始投放长度足够长（对本节建立的纤维模型是大于 10 μm），随着整个模型的尺寸，也就是立方空间的增大，模型的重复性会越来越好，且这个变好的趋势不存在突变值；③若固定空间的大小不变，重复性会随着纤维的初始投放长度减小而逐渐变好，但不能小于 10 μm。表 5.1 给出了根据计算结果统计得到的纤维初始投放长度和对应的模型需要的最小空间尺寸。模型中的纤维段数量反映了计算成本，纤维段数量越多，模型的计算时间越长。综合考虑计算成本和模型可重复性，对于 PVA 水凝胶，纤维初始投放长度设置为 20 μm，模型空间边长设置为 120 μm 是比较合理的选择，下文中针对 PVA 水凝胶的计算模型，除特殊说明外，基本都基于这两个参数建立。

表 5.1　纤维初始投放长度和对应的模型最小空间尺寸

纤维长度/μm	模型具备可重复性的最小边长/μm	模型中的纤维段数量/根
10	—	—
20	120	1 728
30	150	2 250

5.1.3　微观参数确定

　　网络孔洞平均直径是非常重要的微观参数之一，反映了水凝胶的固体含量，但并不能直接设置，只能在生产网络后再通过计算检验是否满足要求。此处介绍的孔径测量方法称为最大嵌入球法，其基本操作如下：①在空间内随机选择一点 O 并求出它与最近的纤维的距离，以该距离为半径，生成球体 [图 5.3（a）]；②沿该半径方向，即 OA_1，扩展球体，直至碰上另一根纤维 [图 5.3（b）]；③以 $OA_1 + OA_2$ 为新的方向继续扩展球体，直至与第三根纤维碰触 [图 5.3（c）]；④以 $OA_1 + OA_2 + OA_3$ 为新的方向继续扩展球体，碰到纤维则调整方向，尝试继续扩展，直至球体周围纤维的限制已使球体无法再扩大，则此时的球体直径就是该孔洞的孔径 [图 5.3（d）]。

　　往纤维网络中随机投放若干点，分别求出点所在孔洞的直径，只要投放的点的数量足够多，这些直径的均值即可代表该网络的平均孔径。对于参数（如纤维长度、数量等）不同的网络，这个随机点的合理数量可能不同，可通过改变投放数量，观察孔径均值的计算结果能否稳定来判断合理的投放数。为了避免麻烦，可选取一个较大的值，如针对 150 μm×150 μm×150 μm 的模型，投放 3 000 个随机点，一般足以保证其计算结果的可靠性。

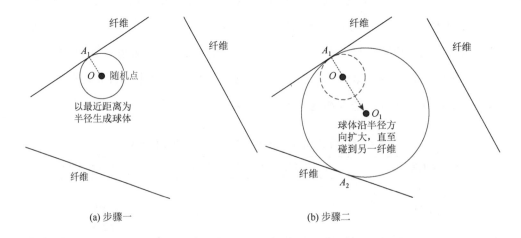

(a) 步骤一　　　　　　　　　　　　　　　(b) 步骤二

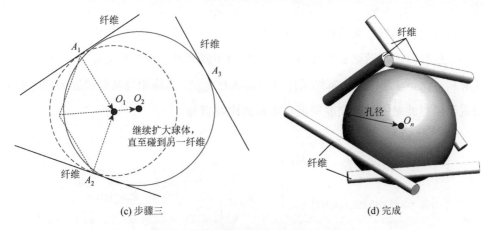

(c) 步骤三　　　　　　　　　　　　(d) 完成

图 5.3　测量纤维网络孔径方法示意图

　　计算出网络平均孔径后，与目标水凝胶进行对比。若大于目标水凝胶，则需要增加生成网络时投入的纤维数量，以进一步增加水凝胶的密度。反之，则减少投入的纤维数量，以获得合适的孔径大小。当纤维直径与平均孔径和目标水凝胶相比均相似时，可认为固体的含量也相似。

　　另一个重要的纤维网络结构参数是纤维的交联密度。按照上一节中纤维网络的生成方法，每一根纤维都最少与另外两根纤维存在交联。然而，在实际模拟计算中容易发现，假若使用由纤维含量（质量分数）为 $a\%$ 的模型根据实验结果拟合得到的聚合物材料参数，预测其他聚合物含量水凝胶的实验结果，其预测效果非常差。而聚合物的材料参数理应不随水凝胶含水率的变化而变化，所以可以推测，实际水凝胶的交联密度与模型的不符。其实这现象是合理的，水凝胶中有可能存在游离的长链，没有与整体网络形成有效交联，从而不能承担外荷载。直接用实验手段测量水凝胶的交联密度其实比较困难，尤其是通过物理纠缠产生的交联，即使使用显微技术仔细观测也很难统计，但使用有限元模型调节交联点数量，并与材料的宏观力学行为进行匹配，可以得到一个合理的评估值。

　　调节纤维网络交联度的方法如图 5.4 所示。首先，建立最低纤维含量网络模型，所谓最低纤维含量，也就是水凝胶能够刚好成型时的聚合物含量。若低于这个聚合物含量，水凝胶无法从溶胶成为稳定的固体。此时，可以认为所有聚合物纤维均有交联。然后，以此模型为标准，将计算结果与实验匹配，拟合得出聚合物纤维的材料属性。再将此材料属性代入到其他纤维含量的模型中，让计算结果与实验进行对比，若两者不吻合，则随机增加或删减模型中的交联点，再次进行计算和对比，直至模型计算结果能与实验吻合为止。当模型与实验能够大致吻合，则说明模型此时的纤维交联密度与实际的比较相符。

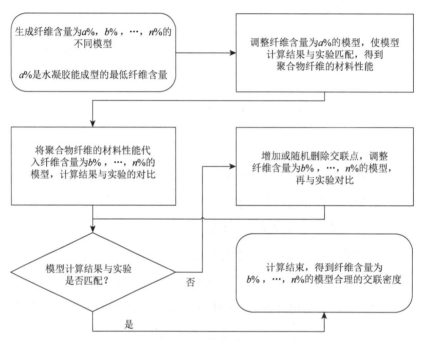

图 5.4　调节纤维网络交联密度的方法

此处继续以 PVA 水凝胶为例（Xu et al.，2019），通过上述方法对 3 种不同纤维含量试件的交联密度进行评估。所用模型的纤维直径为 3 μm，纤维初始投放长度 20 μm，模型初始大小为 120^3 μm^3，拟合得到的 PVA 纤维弹性模量和拉伸强度分别为 90 MPa 和 110 MPa。交联密度随纤维含量的变化如图 5.5（a）所示，可见，交联密度会随着纤维含量的上升而增加，但这关系并非线性的，增长率会逐渐下降。再进一步地，将纤维模型的交联点数量除以对应的纤维总长度，也就是所有纤维的长度之和，可得到每 1 μm 纤维长度上的平均交联点数量，而这个单位纤维长度平均交联点数量会随着纤维含量的上升而下降 [图 5.5（b）]。这意味着随着纤维含量的增加，在水凝胶中出现了更多的游离长链，它们没有与整个网络形成有效交联。

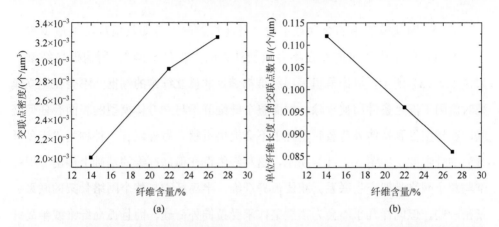

图 5.5　PVA 水凝胶的交联点密度与纤维含量的关系（a），单位纤维长度上的交联点数目与纤维含量的关系（b）（许可嘉，2020）

5.1.4　半岛纤维及纤维惯性力

上一节中，在判断纤维交联密度时已经使用到了有限元模型的计算结果。有限元模型里的纤维采用了梁单元，交联采用弹簧单元或连接器模拟。为了方便加载，模型端面设置刚性板，如图 5.6 所示。刚性板附近的节点被设置成在加载方向上跟随刚性板运动。若需要模拟纤维网络的破坏行为，可给弹簧/连接器或者纤维设置破坏条件。

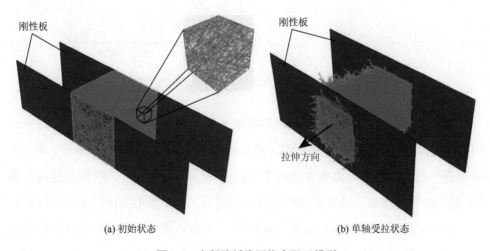

(a) 初始状态　　　　　　　　　　　　(b) 单轴受拉状态

图 5.6　水凝胶纤维网络有限元模型

　　其实，即使模型中的交联点不被额外随机删除，也即每根纤维上最少有两个交联点，模型中仍可能存在不会承受外力的"孤岛纤维"。所谓孤岛纤维，如图 5.7（a）所示，纤维群里每根纤维都满足非孤立纤维的判据，不会在建立模型时就因不满足条件而被删除，然而整个纤维群不与立方体模型的表面有任何交联，在模型受到拉伸外荷载时，几乎不会提供贡献。另外还有一种称为"半岛纤维"的纤维群，如图 5.7（b）所示，这种纤维群在孤岛纤维的基础上伸出一根纤维与整个网络骨架产生联系。相比孤岛纤维，半岛纤维与整个网络骨架的联系要紧密一些，但同样几乎不会为模型整体承受拉伸外荷载，而且孤岛纤维或半岛纤维的数量并不在少数。

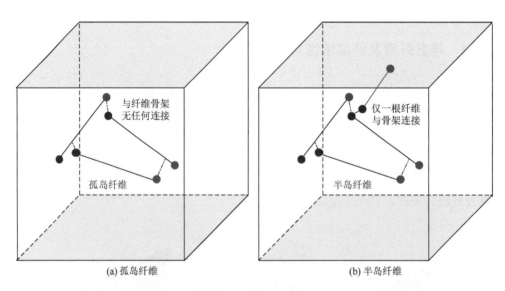

(a) 孤岛纤维　　　　　　　　　　　　　　(b) 半岛纤维

图 5.7　与纤维网络骨架联系不紧密的两种纤维群

　　下面以纤维含量 14% 的纤维网络模型为例，对半岛纤维展开讨论。统计可得，该模型中，纤维骨架上的纤维（称为成链纤维）单元总数为 290 个，而"纤维半岛"上的纤维单元总数有 330 个（Ding et al., 2021）。对模型实施应变为 0.6 的单轴拉伸加载，记录这些纤维的轴向应力，并计算不同轴向应力量级占同类纤维单元的百分比，结果如图 5.8 所示。总的来说，半岛纤维也存在轴向应力，但与成链纤维相比，其轴向应力偏小。轴向应力量级在 1～10 MPa 的成链纤维占比达到了 70%，而这样的半岛纤维占比为 0。轴向应力量级在 10^{-2} 及以下的半岛纤维单元占比超过 80%，成链纤维则仅有不到 16%。但这样的结果也说明了，单纯利用轴向应力大小是无法准确地区分成链纤维和半岛纤维的，因为它们的轴向应力区间有不小的重叠部分，从 10^{-4} MPa 到 0.1 MPa 区间都存在重叠。

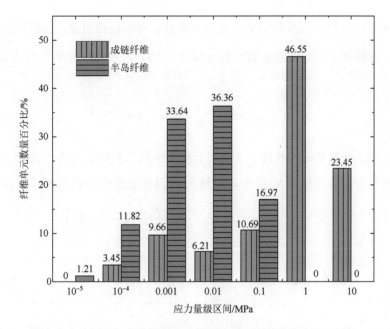

图 5.8　轴向应力量级区间内的纤维在总纤维单元中的数量百分比（丁榕，2021）

　　然而，理论上，绝大多数的半岛纤维不应由于模型的变形而产生明显应变和应力，它们更应该几乎只有刚体位移。那么，它们的轴向应力从何而来？这很可能是因为惯性力。为了得到更准确的结果，下面对纤维的惯性力展开分析。

　　以一节纤维单元作为分析对象，如图 5.9（a）所示，将它的方向矢量表示为 $\boldsymbol{k}$，两个节点的速度和平动加速度分别为 $\boldsymbol{v}_1$、$\boldsymbol{v}_2$ 和 $\boldsymbol{a}_1$、$\boldsymbol{a}_2$。那么，单元整体的平动加速度 $\boldsymbol{a}$ 是两个节点加速度的平均值

$$\boldsymbol{a} = \frac{1}{2}\left(\boldsymbol{a}_1 + \boldsymbol{a}_2\right) \tag{5.1}$$

纤维的平动惯性力

$$F_t = ma \times \frac{\boldsymbol{k}}{|\boldsymbol{k}|} \tag{5.2}$$

其中，m 代表纤维单元质量。假设纤维单元绕着其中一个节点发生转动，那么两个节点的相对速度 $\boldsymbol{v}$ 等于

$$\boldsymbol{v} = (\boldsymbol{v}_2 - \boldsymbol{v}_1) \times \frac{\boldsymbol{k}}{|\boldsymbol{k}|} \tag{5.3}$$

该相对速度的方向应与纤维的矢量方向 $\boldsymbol{k}$ 垂直。再假设相对速度在纤维径向上是均匀的，在轴向上是连续线性变化的 [图 5.9 （b）]，那么纤维单元的转动惯性力等于

$$F_r = \int_0^L \rho \pi r^2 |\boldsymbol{v}|^2 \frac{l^2}{L^2 l} \mathrm{d}l = \frac{1}{2} \rho \pi r^2 |\boldsymbol{v}|^2 \tag{5.4}$$

其中，L 表示纤维单元的长度。从有限元模型中提取到的轴向合力 N 应该是纤维单元因变形而产生的轴力 N_d、平动惯性力 F_t 及转动惯性力 F_r 之和。所以

$$N_d = N - F_t - F_r = N - \rho \pi r^2 \left(L\boldsymbol{a} \cdot \boldsymbol{k} - \frac{1}{2} |\boldsymbol{v}|^2 \right) \tag{5.5}$$

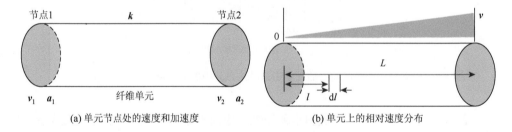

(a) 单元节点处的速度和加速度　　　　　　(b) 单元上的相对速度分布

图 5.9　单节纤维单元示意图

将纤维含量 14% 的纤维网络模型在 0.6 的单轴拉伸应变时的纤维单元轴向合力，消去惯性力，得到真正的 N_d 后，重新统计轴力小于某值的单元占单元总数的比例，结果如图 5.10 所示。可以看到，大约有 70% 的单元轴力非常小，对承担外荷载起到作用的单元仅有大约 30%。所以可以认为，这大约 30% 的单元是影响网络整体宏观应力-应变曲线的关键。更进一步地说，决定纤维网络力学行为的不是纤维含量，而是能够对抵抗网络变形起到实质作用的纤维数量。这也就解释了为

什么参数相同的模型,计算结果也可能有较大的离散度,因为纤维分布的随机性导致了它们的有效纤维数量并不相同,而且纤维含量越低,纤维在空间分布的均匀程度也越低,不同网络模型间的有效纤维数量和分布位置的差异也可能越大,所以得到的应力-应变曲线就可能越离散。这与实际实验中,含水率高(高分子纤维含量低)的水凝胶实验结果重复性较差的现象是一致的。

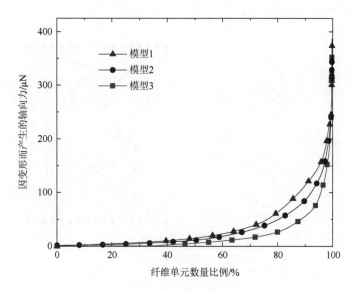

图 5.10   14%纤维含量网络模型中纤维单元因变形而产生的轴向力的分布

5.2   纤维网络非线性力学行为的微观机理

从前面的水凝胶材料力学实验中容易发现,水凝胶的力学行为具有强非线性。因为水不能提供拉应力,所以在拉伸过程中,这种强非线性特征主要由高分子纤维网络提供。如图 5.11 所示,纤维网络受到拉伸作用时,其中的纤维不仅会发生长度上的改变,也会发生方向上的改变。若纤维仅有方向上的改变,则只会增加网络整体的变形,对网络整体应力的提升没有贡献;唯有纤维的长度发生变化,才会使纤维内部产生应力。

纤维的方向最初是随机的,标记它的方向与加载方向的初始夹角为 θ_0,见图 5.11 (b)。由于纤维与纤维之间一般存在一定距离,因此每根纤维周围都有一定空隙，纤维可以在一定范围内轻易地发生转动。在加载初期，如果θ_0较小，则有可能较快地承担荷载，对网络整体的应力快速地作出贡献；但若θ_0较大，则较小的力也能使其发生较大的转动，从而对网络整体的变形作出贡献，但提供的应力很小。随着夹角θ不断变小，纤维的转动逐渐变得困难，为了应对网络整体的变形，纤维被拉长，纤维提供的应力也逐渐增加。这种现象导致了网络整体表现出强烈的非线性应力响应。

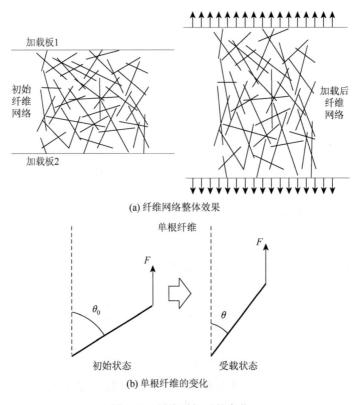

(a) 纤维网络整体效果

(b) 单根纤维的变化

图 5.11　纤维受拉后的变化

　　显然，纤维总的方向趋势与加载方向的夹角对整体网络当下的应力值至关重要。各纤维的方向越一致，且与加载方向越接近，应力值则越高。为了衡量纤维与加载方向的一致程度，定义某根纤维的取向值为

$$A_r = |\boldsymbol{r} \cdot \boldsymbol{k}| \times \frac{|\boldsymbol{r}|}{l_{\text{fe}}} \tag{5.6}$$

由于纤维可以转折，尤其是在交联点处，所以以纤维单元作为统计基元，以 r 代表纤维单元的方向矢量，而 k 则是拉伸荷载的方向，l_{fe} 表示纤维单元的长度，见图 5.12。

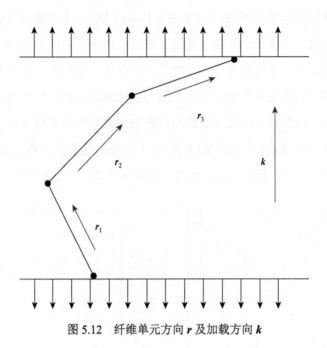

图 5.12　纤维单元方向 r 及加载方向 k

知道单根纤维单元的方向取向值后，以 n_{fe} 表示纤维单元的数量，网络整体的方向取向度被定义为

$$A_{\text{network}} = \frac{\sum A_r}{n_{\text{fe}}} \tag{5.7}$$

也即所有纤维方向的平均效果。网络整体的方向取向度 A_{network} 越接近 1，说明内部的纤维方向越统一，且趋向于拉伸荷载方向。

图 5.13 展示的是模拟细胞外基质的纤维网络模型的计算结果。细胞外基质也是一种天然水凝胶类材料，与前面经常提及的 PVA 水凝胶相比，单位体积内的纤维数量要多很多。模型采用的纤维直径为 0.44 μm，初始平均孔径取 1.6 μm，纤维初始投放长度为 100 μm，模型初始大小为 150 μm³，根据实验数据拟合出来的纤维弹性模量及泊松比分别为 5 250 kPa 和 0.33。另外，细胞外基质的单轴拉伸实

验表明［图 5.13（a）］，在应变超过 0.5 后，应力会出现下降，且不久之后试件会发生断裂，为了模拟这一现象，网络的交联被设置了最大承载能力为 350 nN，若交联承受的荷载超过此值就会被破坏，再也无法承载。

    模型的单轴拉伸应力-应变曲线如图 5.13（a）所示，3 个模型与实验数据均有较好的拟合效果，且彼此之间的重复性非常好，由此也验证了 5.1.3 节中提及的，提高纤维含量，可以降低模型离散度的观点。同时，图 5.13（b）显示，在拉伸应变增加时，网络的平均孔径也会增大，这与实验观察到的试件被拉伸后体积会增加的现象相符。图 5.13（c）展示了网络纤维取向度和失效交联占总交联数的比例随应变的变化，以及它们的变化趋势与应力-应变曲线变化趋势的关联。应力-应变曲线可以分为 4 个阶段：起始、线性、破坏和失效。在起始阶段，应力-应变曲

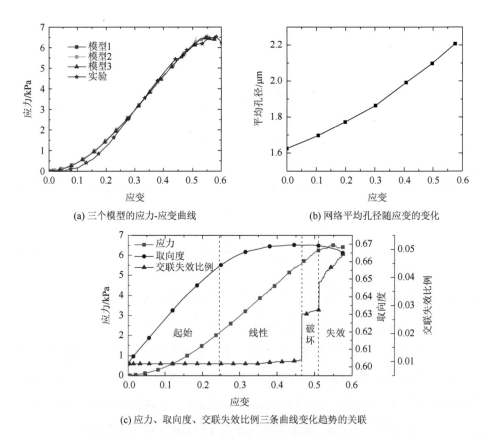

(a) 三个模型的应力-应变曲线   (b) 网络平均孔径随应变的变化

(c) 应力、取向度、交联失效比例三条曲线变化趋势的关联

图 5.13   模拟细胞外基质纤维网络单轴拉伸（Dong et al，2017）

线表现出了明显的非线性，而纤维取向度则呈线性增加，少量交联被破坏。当应力-应变曲线进入线性阶段，纤维取向度曲线出现拐点，增长速率减缓，逐渐趋向稳定，失效交联数量依然较少。此后，应力-应变曲线进入破坏阶段，虽然纤维取向度变化不大，但失效的交联数量陡增。最后，在失效阶段，应力的变化不大，纤维取向度反倒略有下降，而被破坏的交联数量急剧上升。可见，整个材料（模型）宏观上的应力变化过程，与细观的纤维取向度和交联失效比例这两个参数之间紧密关联。高分子纤维网络的细观结构变化，可以解释多个水凝胶材料在宏观上呈现的力学现象。

5.3　多轴加载下纤维网络的力学行为

2.4 节展示了 PVA 水凝胶的双轴拉伸实验，发现该水凝胶在双轴拉伸荷载作用下表现出各向异性，并猜测这是高分子纤维的方向在荷载作用下发生改变所导致的。本节将利用纤维网络模型验证这个猜想的合理性。另外，基于纤维网络模型的三轴加载，本节还提出了一种使用单相模型模拟研究双相水凝胶的方法。

5.3.1　模型的边界约束

多轴拉伸加载与单轴拉伸加载类似，区别在于试件的 6 个面均与刚性板接触，且 6 个端面附近的节点与刚性板之间的相对运动被限制，如图 5.14 所示。

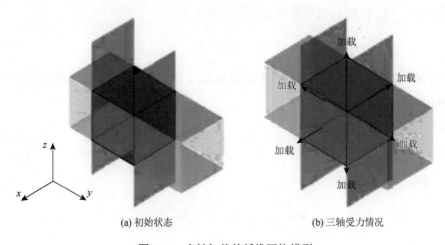

　　　　　(a) 初始状态　　　　　　　　　　　　(b) 三轴受力情况

图 5.14　多轴加载的纤维网络模型

　　需要注意的是，单轴加载时，纤维网络模型与刚性板之间的连接可以使用较强的约束，使刚性板上的纤维节点与刚性板之间没有相对位移，但对于多轴加载，这种约束容易过于强势，导致发生与现实不符的变形。如图 5.15（a）所示，当一根纤维的两个节点分别被两个刚性板约束时，若约束强势，必然会出现不合理的大变形。若相对位移的约束仅限于板的运动方向，也即节点可在板面上滑动，如图 5.15（b）所示，纤维的变形会更符合实际情况。因此，在进行多轴加载时，需要谨慎选择约束方式。

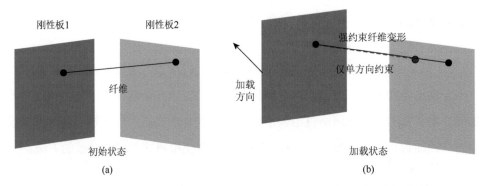

图 5.15　横跨两个刚性板的纤维（a），纤维在强约束和弱约束下的差别（b）

　　三对刚性板包围的体积可以认为是纤维网络的体积，因此可以通过跟踪刚性板的位移来评估纤维网络在加载过程中的体积变化情况。假设三对刚性板的距离分别为 L_x、L_y 和 L_z，则纤维网络的即时体积为

$$V = L_x L_y L_z \qquad (5.8)$$

　　再标记三对刚性板的初始距离分别为 L_{x0}、L_{y0} 和 L_{z0}，那么网络模型的体积变化率等于

$$J = \frac{V}{V_0} = \frac{L_x L_y L_z}{L_{x0} L_{y0} L_{z0}} \qquad (5.9)$$

体积变化比例等于

$$\frac{\Delta V}{V_0} = \frac{V - V_0}{V_0} = J - 1 = \frac{L_x L_y L_z}{L_{x0} L_{y0} L_{z0}} - 1 \qquad (5.10)$$

5.3.2　双轴拉伸的分析

在 2.4.2 节中，展示了 PVA 水凝胶的双轴拉伸实验结果。实验发现，试件断裂时的应力随 y 轴加载速率和 x 轴加载速率比值的增大而呈先上升后下降的变化趋势。这种变化趋势可能是高分子纤维的方向发生了改变所导致的。此处使用上节建立的纤维网络模型进行验证。

如图 5.16（a）所示，双轴等比例拉伸时，两个方向的荷载相同，纤维网络在宏观上各向同性，两个方向的纤维取向度也表现出了预期中的相似性。而在非等比例拉伸条件下，纤维取向明显倾向于加载速率快的方向，当两个方向加载速率区别较大时，另一方向的取向度甚至会逐渐减小，如图 5.16（b）和（c）所示。另外，y 轴（加载速率较快）方向的取向度也不能一直增加，最终会趋向一个定值，这在图 5.16（c）中尤为明显。这些结果很大程度上证实了之前的猜测：非等比例双轴拉伸时，若 y 轴与 x 轴的加载速率比值不大（但超过 1），则 y 轴方向的纤维取向度的增加会显著增强材料在这个方向的承载能力，即使不均匀变形会增加部分纤维断裂的概率，但在宏观上依然提高了试件的断裂 Mises 应力；但若 y 轴与 x 轴的加载速率比值较大，不均匀大变形继续导致部分纤维的断裂概率提升，而纤维取向度引起的承载能力增强却是有限的，整体上便会显现出断裂 Mises 应力下滑的现象。

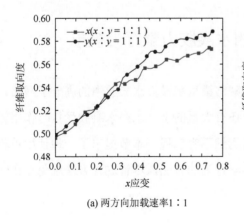

(a) 两方向加载速率1：1

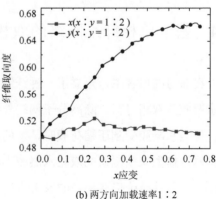

(b) 两方向加载速率1：2

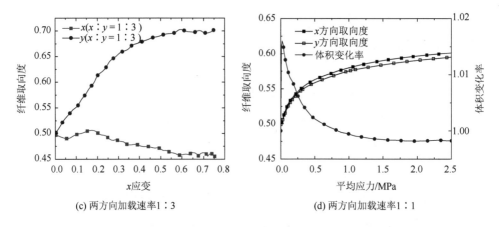

(c) 两方向加载速率1∶3　　　　　　　　(d) 两方向加载速率1∶1

图 5.16　纤维网络模型双轴拉伸时的纤维取向度变化（丁榕，2021）

此外，为了对比研究纤维取向度与试件体积变化之间的关系，还另外建立了一个纤维含量为 40% 的模型。之所以建立这样的模型，是为了缓解纤维含量低所带来的计算结果弥散的问题，使两者的关系更加清晰。以等比例加载为例，两种曲线同时画在了图 5.16（d）中。容易发现，这两者的变化趋势存在密切关联。它们都在平均应力约 0.5 MPa 时出现拐点，且在此之后逐渐趋于稳定。这说明在多轴加载下，纤维网络的体积变化主要取决于加载过程中纤维方向取向度的改变。

可见，无论是单轴还是多轴加载，纤维取向度都是影响高分子网络宏观力学行为的重要细观参量。

5.4　基于单相纤维网络的双相水凝胶力学行为模拟

在前面的内容中，建立了一种纤维网络模型来模拟水凝胶中的高分子网络。但水凝胶是双相材料，除高分子网络外还有大量的水。水在水凝胶受拉时作用较小，但当水凝胶受到压缩荷载时，水的贡献不容忽视。本节提出了一种使用单相纤维网络模型来模拟研究双相水凝胶力学行为的方法，尽管这种方法难免存在一定误差，但其结论仍有相当的参考价值。

5.4.1 水应力计算方法

从 2.2.2 节的实验结果可知，虽然加载有可能使水凝胶的体积发生变化，但变化很小，所以可以大致地认为水凝胶是一种不可压缩材料。水凝胶不可压缩的特性主要是来自于水的性质，当只有高分子网络时，网络体积是会随应变而发生显著变化的。如图 5.17 所示，以纤维含量为 14%的纤维网络模型为例，单轴加载条件下，真实应变 0.5 时，其体积变化率已接近 0.5（图中曲线平均了 3 个模型的结果）。模型的体积变化率和前文一样，是通过三对刚性板的位置和式（5.9）计算的。计算单轴加载工况时，三对刚性板中只有一对有主动位移，另外两对无质量的刚性板随板上的纤维节点的移动而移动。

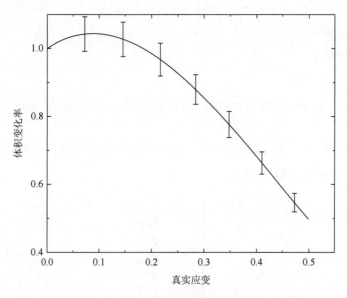

图 5.17　模拟含水率 86%的 PVA 水凝胶的纤维网络模型的体积变化率-应变曲线

假若在原本无外力作用的刚性板上作用外力，使模型体积保持不变，那么这个外力与水凝胶内的水就起到了相似的作用。基于此思路（图 5.18），可以利用单相的纤维网络模型来模拟固-液双相的水凝胶。当然，图 5.18 的思路仅在准静态条件下能够成立。因为准静态条件下，可以认为惯性力为零，那么，高分子网络和

水的共同作用即为水凝胶的整体应力 σ

$$\sigma = \sigma_\mathrm{p} + \sigma_\mathrm{w} \qquad (5.11)$$

其中，σ_p 和 σ_w 分别为高分子网络和水的作用。假设 x、y 和 z 分别为三个主轴，加载方向与 z 方向相同，那么在 x 和 y 方向，水凝胶的整体应力为 0，所以有 $\sigma_{\mathrm{p},x} = \sigma_{\mathrm{w},x}$，$\sigma_{\mathrm{p},y} = \sigma_{\mathrm{w},y}$。由此，可用高分子网络在这两个方向的应力推导水凝胶内水的作用。需要说明的是，这里的 σ、σ_p 和 σ_w 应该理解为单位体积水凝胶的整体响应。

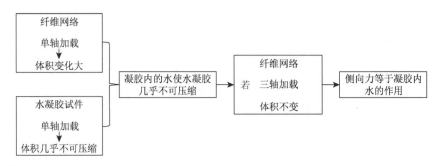

图 5.18   利用纤维网络模型评估水凝胶内水的作用的基本思路

在纤维网络模型中，聚合物的应力可以通过作用在刚性板上的作用力除以纤维的有效作用面积求得，也即

$$\begin{cases} \sigma_{\mathrm{p},x} = \dfrac{F_x}{A_{\mathrm{p},x}} \\[2mm] \sigma_{\mathrm{p},y} = \dfrac{F_y}{A_{\mathrm{p},y}} \\[2mm] \sigma_{\mathrm{p},z} = \dfrac{F_z}{A_{\mathrm{p},z}} \end{cases} \qquad (5.12)$$

其中，F_x、F_y 和 F_z 是三对刚性板上的作用力，而 $A_{\mathrm{p},x}$、$A_{\mathrm{p},y}$ 和 $A_{\mathrm{p},z}$ 是纤维在三个主方向上的有效作用面积。

水凝胶中的静水压 $\sigma_{\mathrm{w,static}}$ 在各个方向上相同，但作用面积不同，所以表现出来的在各方向的总作用力不同。假设水在 x、y 和 z 这三个主方向上的有效作用面积分别为 $A_{\mathrm{w},x}$、$A_{\mathrm{w},y}$ 和 $A_{\mathrm{w},z}$，那么水在单位体积水凝胶中的应力可以写成

$$\begin{cases} \sigma_{w,x} = \sigma_{w,static} \cdot A_{w,x} \\ \sigma_{w,y} = \sigma_{w,static} \cdot A_{w,y} \\ \sigma_{w,z} = \sigma_{w,static} \cdot A_{w,z} \end{cases} \tag{5.13}$$

更多的关于水凝胶的本构方程将在第六章中展开讨论,本章只关注如何使用纤维网络模型评估水的应力的问题。联合式(5.11)~式(5.13),可知

$$\begin{cases} \sigma_x = \dfrac{F_x}{A_{p,x}} + \sigma_{w,static} \cdot A_{w,x} \\[2mm] \sigma_y = \dfrac{F_y}{A_{p,y}} + \sigma_{w,static} \cdot A_{w,y} \\[2mm] \sigma_z = \dfrac{F_z}{A_{p,z}} + \sigma_{w,static} \cdot A_{w,z} \end{cases} \tag{5.14}$$

再结合单轴拉伸的边界条件 $\sigma_x = \sigma_y = 0$ (假设加载方向为 z 方向),只要通过模型计算出水凝胶内聚合物的有效作用面积 $A_{p,x}$ 和 $A_{p,y}$,以及水的有效作用面积 $A_{w,x}$ 和 $A_{w,y}$,即可得到水凝胶内的静水压,进而可以根据式(5.12)和式(5.13)评估出聚合物和水分别对水凝胶整体力学响应的贡献。

5.4.2　有效作用面积的统计

直接统计水的有效作用面积显然是困难的,但水的有效作用面积和高分子网络的有效作用面积存在关系

$$\begin{cases} A_x = A_{p,x} + A_{w,x} \\ A_y = A_{p,y} + A_{w,y} \\ A_z = A_{p,z} + A_{w,z} \end{cases} \tag{5.15}$$

其中, A_x 、 A_y 和 A_z 是水凝胶在三个方向上的截面面积,对于纤维网络模型有 $A_x = L_y L_z$ 、 $A_y = L_x L_z$ 和 $A_z = L_x L_y$,其中 L_i 表示 i 方向上两块对应刚性板的距离。纤维的有效作用面积也可以通过纤维网络模型进行统计,从而可得到水的有效作用面积。

如图 5.19 所示,假设某根与刚性板相连接的纤维长度为 l ,直径为 d ,轴向为 $\boldsymbol{k}_1$, $\boldsymbol{k}_1$ 与刚性板法向的夹角为 α ,纤维与刚性板相交的截面面积为 $A_{p,1}$, $A_{p,1}$ 就

是该纤维的有效作用面积，其值等于

$$A_{\mathrm{p},1} = \frac{\pi d^2}{4\cos\alpha} = \frac{\pi d^2}{4}\frac{|\boldsymbol{k}_1||\boldsymbol{n}|}{\boldsymbol{k}_1\cdot\boldsymbol{n}} = \frac{\pi d^2}{4}\frac{|\boldsymbol{k}_1|}{\boldsymbol{k}_1\cdot\boldsymbol{n}} \qquad (5.16)$$

其中，$\boldsymbol{n}$ 是刚性板的方向矢量。那么，高分子纤维在三个方向上总的有效作用面积就是各方向上与刚性板接触的纤维的有效作用面积之和，再将其除以模型的横截面积，即可得到归一化的结果

$$\begin{aligned}
A_{\mathrm{p},x} &= \frac{\sum S_{\mathrm{p},x_i}}{A_x} = \frac{\pi d^2}{4A_x}\sum\frac{1}{\cos\alpha_{x_i}} = \frac{\pi d^2}{4A_x}\sum\frac{|\boldsymbol{k}_{x_i}|}{\boldsymbol{k}_{x_i}\cdot\boldsymbol{n}_x} \\
A_{\mathrm{p},y} &= \frac{\sum S_{\mathrm{p},y_i}}{A_y} = \frac{\pi d^2}{4A_y}\sum\frac{1}{\cos\alpha_{y_i}} = \frac{\pi d^2}{4A_y}\sum\frac{|\boldsymbol{k}_{y_i}|}{\boldsymbol{k}_{y_i}\cdot\boldsymbol{n}_y} \\
A_{\mathrm{p},z} &= \frac{\sum S_{\mathrm{p},z_i}}{A_z} = \frac{\pi d^2}{4A_z}\sum\frac{1}{\cos\alpha_{z_i}} = \frac{\pi d^2}{4A_z}\sum\frac{|\boldsymbol{k}_{z_i}|}{\boldsymbol{k}_{z_i}\cdot\boldsymbol{n}_z}
\end{aligned} \qquad (5.17)$$

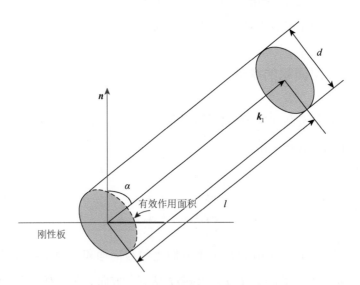

图 5.19　与刚性板相连接的纤维

所以，提取纤维网络模型中与刚性板接触的纤维单元的方向矢量，即可计算出聚合物和水的有效作用面积。在单轴拉伸荷载下，纤维的方向逐渐趋向于加载方向，这意味着，随着应变的增大，高分子网络在非加载方向上的有效作用面积

的绝对值会逐渐增加，而在加载方向上则逐渐减小。同时，纤维会逐渐向中心聚拢，也就是模型垂直于加载方向的横截面积会不断减小。由于模型横截面积的缩减速度大于高分子网络在加载方向上有效作用面积的减小速度，所以高分子网络在加载方向上的归一化的有效作用面积会呈增大趋势。而水的归一化有效作用面积是归一化的模型横截面积与归一化的高分子网络有效作用面积之差，其变化趋势自然是与高分子网络的相反。非加载方向则情况相反，如图 5.20（a）所示。若是单轴压缩荷载，高分子网络在加载方向上的有效作用面积不断增大，但同时，模型的横截面也在扩张，且速度更快，所以高分子网络归一化的有效作用面积在下降，而水的则会上升，在非加载方向上情况刚好相反，如图 5.20（b）所示（此处应变以拉为正，以压为负）。

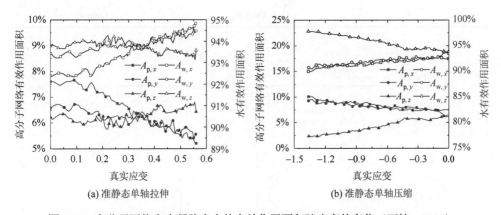

(a) 准静态单轴拉伸　　　　　(b) 准静态单轴压缩

图 5.20　高分子网络和水凝胶内水的有效作用面积随应变的变化（丁榕，2021）

假设加载方向上的水的有效作用面积和非加载方向上的水的有效作用面积的比值与应变之间存在线性关系，那么这个关系可以写成

$$\frac{A_{w,z}}{A_{w,x}} = \frac{A_{w,z}}{A_{w,y}} = k\varepsilon_z + 1 \qquad (5.18)$$

其中，k 是一个系数。然而，虽然理论上，x 方向和 y 方向的情况应该是相同的，初始时刻 $A_{w,x}$、$A_{w,y}$ 和 $A_{w,z}$ 也应该一样，但事实上，如图 5.20 所示，模型计算结果中 $A_{w,x}$ 和 $A_{w,y}$ 并不完全相等，初始时刻 $A_{w,x}$、$A_{w,y}$ 和 $A_{w,z}$ 也并非完全一样。为了使表达式更符合实际，我们将式（5.18）修改为

$$\frac{A_{\mathrm{w},z}}{A_{\mathrm{w,average}}} = \frac{A_{\mathrm{w},z}}{(A_{\mathrm{w},x} + A_{\mathrm{w},y})/2} = k\varepsilon_z + b \tag{5.19}$$

其中，b 也是一个参数。k 和 b 可以通过实验曲线拟合得到，拟合结果和效果如表 5.2 和图 5.21 所示。b 的拟合值仅比 1 略大，考虑到每个纤维网络都具有一定的随机性，b 的具体值在 1 附近略微跳动是正常的。良好的拟合效果印证了式（5.18）对 $A_{\mathrm{w},z}/A_{\mathrm{w},x}$ 和 ε_z 的线性关系的猜想在很大程度上是合理的，这个结论在第六章的水凝胶本构模型讨论中有重要应用。

表 5.2　参数 k 和 b 的拟合结果

参数	单轴拉伸	单轴压缩
k	−0.032 21	−0.054 02
b	1.008 38	1.006 44

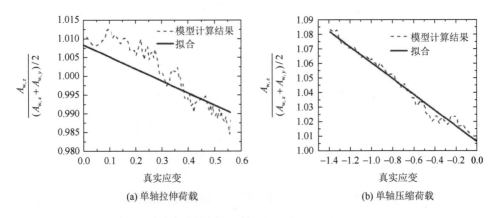

(a) 单轴拉伸荷载　　　　　　　(b) 单轴压缩荷载

图 5.21　式（5.19）对纤维网络模型的拟合效果（丁榕，2021）

5.4.3　聚合物和水对水凝胶的贡献

上一小节已给出了高分子网络和水的有效作用面积的统计方法，根据图 5.17 的分析和式（5.14），便可得知水凝胶内的静水压，其计算结果如图 5.22 所示，图中以拉为正，以压为负。可见，无论是拉伸还是压缩，静水压都随着真实应变的增加而增大，且在真实应变较大时变化剧烈。同时，也可注意到，压缩时的静水压比拉伸时的高出多个量级。这是因为，水无法提供拉应力，所以在水凝胶受拉时，仅起到了阻碍高分子纤维向中心聚拢的作用。但在水凝胶受压时，水也能起到承担外荷载的作用，且承担量不小。

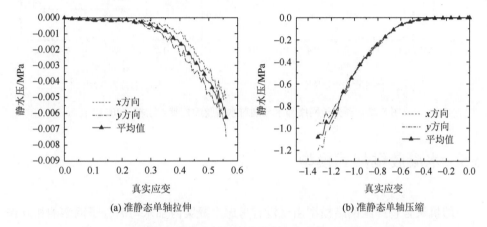

　　(a) 准静态单轴拉伸　　　　　　　　　　　　(b) 准静态单轴压缩

图 5.22　水凝胶内的静水压随真实应变变化曲线（丁榕，2021）

　　进一步地，根据式（5.12）和式（5.13）分别计算出高分子网络的应力 σ_p 和水的应力 σ_w，计算结果如图 5.23 所示。非常容易看出，水在拉伸和压缩过程中起到不同作用。拉伸时，水不起承载作用，对整体应力的贡献几乎可以忽略不计 [图 5.23（a）]。而在压缩时，水的承载作用得以发挥。但必须声明，图 5.23（b）对高分子网络的贡献的评估是不准确的，因为这个纤维网络模型并没有考虑到高分子网络和水之间因接触而产生的相互作用，导致很多纤维在压缩过程中仅发生刚体位移，或者很小的压力就使其屈曲；而实际情况则是，水会阻碍高分子网络的运动和变形，并通过围压作用使纤维的屈曲变得相对不易，增强了纤维的抗弯曲能力。所以对于真实的水凝胶，在压缩时高分子网络的贡献要远大于图 5.23（b）中展示的情况。虽然结果的具体值不准确，图 5.23（b）揭示的水在水凝胶压缩中的贡献不容小觑的结论是没有问题的。水的不同作用也解释了水凝胶拉、压不对称的现象，即使是相同的水凝胶，根据拉伸和压缩真实应力-真实应变曲线得到的弹性模量（或切线模量）也是不相等的。

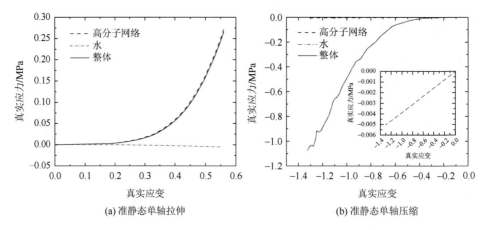

(a) 准静态单轴拉伸　　　　　　　　(b) 准静态单轴压缩

图 5.23　高分子网络和水分别对水凝胶的贡献（丁榕，2021）

5.5　水凝胶框架式模型

随机聚合物纤维网络模型由于没有考虑水凝胶内部水与高分子网络的相互作用，所以在分析受压缩荷载作用时，高分子网络的贡献容易被严重低估。这个问题虽然可以通过流固耦合的有限元模型解决，但不规则的固体网络，以及固体与固体、固体与液体之间的相互接触，势必会使这个模型的计算量异常庞大，且容易报错，实际上并没有太高的切实可行性。为了探究高分子网络和水的相互作用，本节介绍一种简化的模型——框架式模型（Zhang et al.，2017）。虽然这个模型对高分子网络进行了大幅度简化，导致其预测结果与实际存在较大差异，但其结论仍有相当可取之处。

5.5.1　框架式模型概述

框架式模型将高分子网络简化成了规整的骨架（图 5.24），放弃考虑高分子网络的随机性。由于结构与实际有较大的差异，所以仅能算是一个初阶模型，其预测结果通常与实验有较大误差。但因为考虑了水凝胶内水与高分子网络的相互作用，所以在分析水和高分子网络各自的贡献时，比随机聚合物纤维网络模型要准确许多。

水凝胶框架式模型同样主要由高分子网络和水组成，不同的是，这里将水分为了自由水和结合水，对水的考虑更贴近材料实际。自由水指的是可以自由流动的水，水凝胶的吸水膨胀和失水收缩就是因自由水的增加或减少引起，一般距离聚合物较远，与聚合物之间作用力微弱，性质与纯水相似。而结合水则靠近聚合物骨架，与聚合物的亲水基团（羟基）形成氢键紧密结合，几乎不可流动，也很难发生相变。实际上，结合水还分为可冻结结合水和不可冻结结合水两种，不可冻结结合水与聚合物的距离比可冻结结合水更近，因此结合力更强。可冻结结合水介于不可冻结结合水与自由水之间，可发生相变，只是需要的热量比自由水多。模型并未分别考虑可冻结结合水和不可冻结结合水的区别，仅是简单地将水分为可流动的自由水与不可流动的结合水。

此模型最独特之处在于除高分子网络和水外，还包含了包裹在模型表面的虚拟膜。虚拟膜的作用是阻碍水凝胶内的自由水随意流失。在物理层面上，虚拟膜可以认为是空气与液体之间形成的表面张力，自身没有质量。

因为本书研究的都是宏观各向同性水凝胶，所以在模型的初始状态下，三个主方向的所有参数均相同，包括聚合物纤维数量、长度和水的分布等。如图 5.24（a）所示，每个方向上胞元数量为 n，n 的具体数值可根据实际试件大小决定。水凝胶内的固体形成了规整的框架式网络骨架，每个胞元均是正方体。每根纤维周围均围绕着结合水，为了简单起见，结合水为中空方形柱，中空部分的截面边长等于高分子纤维的截面边长，而外边长则取决于水凝胶的结合水含量。模型的其余部分充斥着自由水，认为整个模型无孔隙。虚拟膜仅覆盖于模型表面自由水部分。

当模型受压且变形不大，侧表面仍可见自由水时，模型中的胞元可分为三种，如图 5.24（b）所示。第一种是处于模型内部的胞元，因四周没有空气和水的接触面，所以不受表面张力作用，水的变形与聚合物骨架同步；第二种是位于模型侧表面但不在转角处的胞元，有一个面与外界（空气）接触，覆盖有一个虚拟膜，模型内的水因加载而有流失趋势，致使虚拟膜鼓起形成鼓包；第三种是模型侧表面拐角处的胞元，共有两个虚拟膜，可形成两个鼓包。模型上下两个表面由于直接与试验机的加载装置紧密接触，所以认为既形成不了鼓泡，也较难发生加载失水。

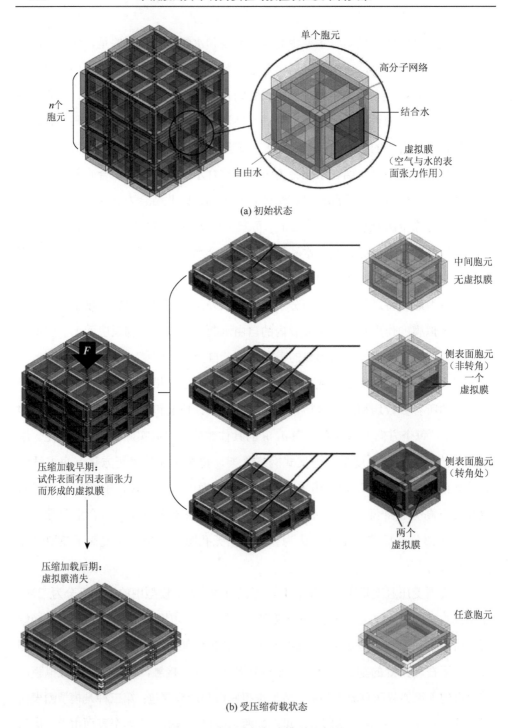

(a) 初始状态

(b) 受压缩荷载状态

图 5.24　水凝胶框架式模型示意图

另外，需要注意的是，表面张力的作用是有限的，当水的作用力大于表面张力，自由水便会流失。

当模型受压且变形较大，模型侧表面不见自由水时，虚拟膜消失，模型内的自由水失去了流出模型的"窗口"，完全被困于模型中，模型中的所有胞元情况相同，如图 5.24（b）所示。

5.5.2 框架式模型中的高分子纤维网络

高分子纤维从原来的随机网络被简化为了由立方体组成的框架模式。除了立方体框架外，其实还可以简化成面心立方（face-centered cubic，FCC）和密排六方（hexagonal close packing，HCP）等规则模式，FCC 和 HCP 的具体形态分别如图 5.25（a）和图 5.25（b）所示（Wang et al.，2009）。FCC 和 HCP 模式每个节点上均有 12 根高分子纤维，而立方体模式仅有 6 根，对于交联点密集的水凝胶，FCC 和 HCP 显然会更加合适。此处之所以选择立方体模式，一来是因为立方体模式下所有纤维均沿主方向，可以最大程度地简化网络，有效降低计算量，二来是因为可以确保模型的加载面是平整的，这对压缩加载非常重要。

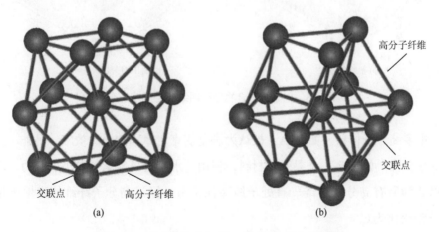

图 5.25 FCC 模式（a）和 HCP 模式（b）示意图

因为此处考虑的水凝胶为各向同性水凝胶，所以初始时，模型内的每一根高分子纤维都有相同的几何参数。标记纤维的初始长度为 l_0，横截面初始边长为 d_0，

如图 5.26（a）所示。则，所有高分子纤维的初始总体积等于

$$V_{p0} = 3n(n+1)^2 d_0^2 l_0 + (n+1)^3 d_0^3 = (n+1)^2 d_0^2 [3nl_0 + (n+1)d_0] \qquad (5.20)$$

当模型受单轴压缩荷载时，在加载方向上，高分子纤维变得"矮胖"，而在另两个主方向上，高分子纤维被拉得"细长"。标记加载方向上的高分子纤维即时长度为 l_c，横截面即时边长为 d_c；相对应地，非加载方向上的高分子纤维即时长度为 l_b，横截面即时边长为 d_b，如图 5.26（b）所示。则，此时高分子纤维的总体积等于

$$V_p = n(n+1)^2 d_c^2 l_c + 2n(n+1)^2 d_b^2 l_b + (n+1)^3 d_b^3$$
$$= (n+1)^2 [nd_c^2 l_c + 2nd_b^2 l_b + (n+1)d_b^3] \qquad (5.21)$$

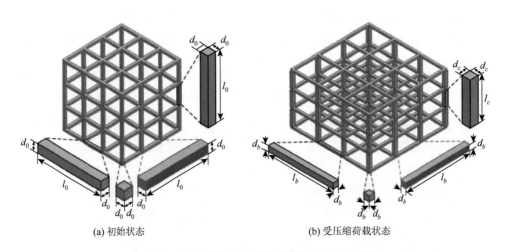

(a) 初始状态　　　　　　　　　　　(b) 受压缩荷载状态

图 5.26　框架式聚合物纤维网络几何尺寸示意图

很多高分子材料，如 PVA，被认为满足胡克定律和泊松比效应。另外，虽然很多聚合物，如 PVA，是黏弹性材料，但由于水凝胶只能承受较小的应力，所以可以认为所有高分子纤维一直处于线弹性状态。标记高分子纤维的弹性模量为 E_p，泊松比为 ν_p。

高分子纤维在承受外荷载作用时，也会同时受到水凝胶中水的作用，如图 5.27（a）所示。此处默认外荷载为单轴压缩荷载（因为单轴拉伸荷载更适合用随机纤维网络模型分析），则纵向（加载方向）方向上的纤维轴向应变 ε_{pc} 应满足

$$\varepsilon_{pc} = \frac{1}{E_p}\left(\sigma_{pc} - 2v_p\sigma_{w,static}\right) \tag{5.22}$$

其中，σ_{pc} 是纵向纤维受到的轴向应力；$\sigma_{w,static}$ 是水凝胶内水的静水压，在各个方向上相等。而根据自身定义，纵向纤维的轴向应变的绝对值又等于

$$\varepsilon_{pc} = -\frac{l_c - l_0}{l_0} \tag{5.23}$$

上式中定义的应变显然是名义应变，名义应变与真实应变之间存在一定差异。虽然对于会发生大变形的水凝胶而言，名义应变与真实应变的差异比较明显，但不会影响力学现象的本质，为了简化计算，此处使用名义应力的定义。

在泊松比效应作用下，纵向纤维的横截面也会发生变形，标记这个应变为 ε_{pcs}。根据胡克定律和名义应变的定义，ε_{pcs} 应满足

$$\varepsilon_{pcs} = \frac{1}{E_p}\left[v_p\sigma_{pc} + (v_p - 1)\sigma_{w,static}\right] \tag{5.24}$$

$$\varepsilon_{pcs} = \frac{d_c - d_0}{d_0} \tag{5.25}$$

垂直于加载方向上的高分子纤维同时受到拉力和水凝胶内水的作用，如图 5.27（b）所示。类似地，根据胡克定律和名义应变的定义，横向纤维的轴向应变 ε_{pb} 和横截面方向的应变 ε_{pbs} 应满足

$$\varepsilon_{pb} = \frac{1}{E_f}\left(\sigma_{pb} + 2v_p\sigma_{w,static}\right) \tag{5.26}$$

$$\varepsilon_{pb} = \frac{l_b - l_0}{l_0} \tag{5.27}$$

$$\varepsilon_{pbs} = \frac{1}{E_p}\left[v_p\sigma_{pb} + (1 - v_p)\sigma_{w,static}\right] \tag{5.28}$$

$$\varepsilon_{pbs} = -\frac{d_b - d_0}{d_0} \tag{5.29}$$

其中，σ_{pb} 是横向纤维受到的轴向应力。ε_{pbs} 本来是负值，式（5.29）取了它的绝对值。

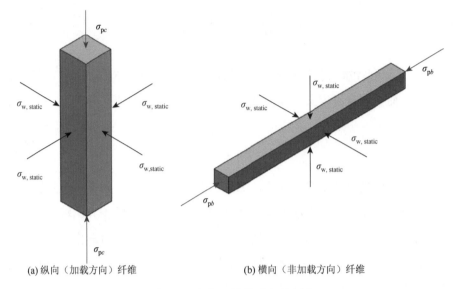

(a) 纵向（加载方向）纤维   (b) 横向（非加载方向）纤维

图 5.27　高分子纤维受力示意图

在实际情况中，即使有水的围压作用，细长的高分子纤维依然有发生屈曲的可能，但此处不考虑屈曲，纤维的变形均沿三个主方向，也不考虑高分子网络被破坏的情况。

5.5.3　框架式模型中的水

框架式模型中，水凝胶内的水被分为了结合水和自由水两种（Li et al.，2015；Jiang et al.，2017），结合水靠近高分子纤维，自由水充满模型的其余部分，具体位置如图 5.24 所示。显然，水的总体积是两种水的体积之和，即

$$V_{w0} = V_{wb0} + V_{wf0} \tag{5.30}$$

其中，V_{w0} 是水凝胶内水的初始总体积，V_{wb0} 是结合水的初始体积，而 V_{wf0} 是自由水的初始体积。水凝胶的含水率 r_{water} 是结合水含量 r_{wb} 与自由水含量 r_{wf} 之和

$$r_{water} = r_{wb} + r_{wf} \tag{5.31}$$

令 c_{wb} 表示结合水在总水中占的比例，即

$$c_{wb} = \frac{r_{wb}}{r_{water}} \tag{5.32}$$

则有

$$V_{wb0} = c_{wb}V_{w0} \qquad (5.33)$$

既然结合水与自由水的区别与水和高分子纤维的距离密切相关，那么不妨假设结合水与高分子纤维的最远距离为d_w，也即距离聚合物纤维大于d_w的水为自由水。但为了简化模型，将结合水简化成了中空的长方体，其中中空部分的边长与高分子纤维相同，而外边长则是高分子纤维边长与两倍d_w的和，如图 5.28 所示。因为有限的外荷载不足以使水凝胶内的高分子链的交联发生改变，所以d_w被认为是不变的量。

从图 5.24（a）中还容易知道，自由水的初始体积存在以下几何关系：

$$V_{wf0} = n^2(l_0 - 2d_w)^2[nl_0 + (n+1)d_0] + 2n^2(n+1)(l_0 - 2d_w)^2(d_0 + 2d_w)$$

$$(5.34)$$

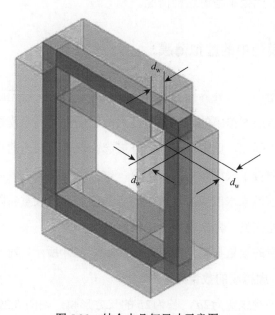

图 5.28　结合水几何尺寸示意图

虽然因为水的体积模量E_w比较大，一般可以认为水是体积不变材料，但严格来说仍有非常微小的体积变化。所以导致水凝胶内水的体积变化的原因有两个，一个是一部分水因加载失水而流失，另一个则是体积模量效应。假设忽略体积模量效应，仅有加载失水时水凝胶的即时体积为V_{wx}，那么水凝胶的加载失水量是初始水的体积V_{w0}与V_{wx}之间的差，而失水率则可被定义为

$$r_{w-lost} = \frac{V_{w0} - V_{wx}}{V_{w0}} \tag{5.35}$$

但水凝胶的真实即时体积为V_w，根据体积模量的定义，它与V_{wx}之间存在以下关系：

$$E_w = \frac{\sigma_{w,static}}{\dfrac{V_{wx} - V_w}{V_{wx}}} \tag{5.36}$$

当模型的压缩应变较大，模型侧表面能流出自由水的"窗口"面积降为 0，模型不再发生加载失水。当然，在真实情况中，纤维有可能发生屈曲，"窗口"可能会一直存在，但此处不考虑这种情况。

5.5.4　框架式模型中的虚拟薄膜

在框架式模型中，与外界接触的自由水表面覆盖有一层无质量的虚拟膜，阻碍自由水流失。这层虚拟膜的物理本质是水的表面张力。当模型受压，自由水往外流的趋势变得更强烈，虚拟膜便会向外鼓起。但表面张力的作用是有限的，若水的应力过大，超过了表面张力的最大值，虚拟膜便会失去效用，部分自由水流失，流失的自由水带来水的应力释放。当水的应力因释放重新降到与表面张力相当时，虚拟膜功能恢复，再次阻挡自由水流失。

模型中虚拟膜的数量与胞元数量相关，如图 5.24 所示，对于每个方向上均有 n 个胞元的模型，虚拟膜的数量为$4n^2$个。

每个虚拟膜可看成宽为$2a$，长为$2b$的长方形膜，如图 5.29 所示，且有几何关系

$$a = \frac{l_c - 2d_w}{2} \tag{5.37}$$

$$b = \frac{l_b - 2d_w}{2} \tag{5.38}$$

假设虚拟膜在水的静水压$\sigma_{w,static}$作用下具有拉力T_w，T_w的最大值等于水的表面张力0.0728 N/m。根据弹性理论，受到均布力$\sigma_{w,static}$作用的长方形薄膜鼓起的体积等于

$$V_{wm} = \frac{128\sigma_{w,static}a^3b}{T_w\pi^4}\left[1 - \frac{2a}{\pi b}\tanh\left(\frac{\pi b}{2a}\right)\right] \tag{5.39}$$

当a从初始值$(l_0 - 2d_w)/2$随着压缩变形降到 0，也就是环绕在相邻上下两根横向高分子纤维上的结合水触碰到一起时，鼓泡不复存在，有$V_{wm} = 0$，模型不再发生加载失水。

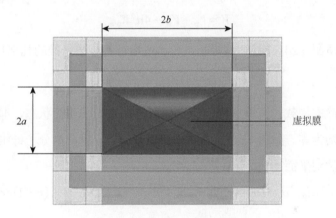

图 5.29　虚拟膜几何尺寸示意图

5.5.5　框架式模型的整体情况

虚拟膜没有质量，水凝胶的总体积依然仅是高分子网络体积和水的体积之和。标记初始时刻水凝胶的总体积为V_0，则有

$$V_0 = V_{p0} + V_{w0} \tag{5.40}$$

从图 5.24（a）容易得知V_0还存在以下几何关系：

$$V_0 = [nl_0 + (n+1)d_0]^3 \tag{5.41}$$

式中，d_0是高分子纤维的初始横截面边长，根据水凝胶通过显微观测得到的高分子纤维实际直径确定，对于本书中使用的 PVA 水凝胶，3 μm 是比较合理的值。而l_0是高分子纤维的初始长度，应根据水凝胶的固体含量以及d_0的值计算。固体

含量 r_p 可通过下面两式确定

$$r_p = 1 - r_{water} \tag{5.42}$$

$$r_{water} = \frac{V_{w0}\rho_w}{V_{p0}\rho_p + V_{w0}\rho_w} \tag{5.43}$$

其中，ρ_w 是水的密度，其值为 1 000 kg/m³；ρ_p 是高分子纤维的密度，对于 PVA，其值取 1 300 kg/m³ 即可。

当受到单轴压缩荷载时，模型体积发生变化，标记模型除鼓泡外的即时体积为 V，它与高分子网络体积、水的体积以及鼓泡体积之间存在以下关系：

$$V = V_p + V_w - 4n^2 V_{wm} \tag{5.44}$$

另外，从图 5.24（b）容易得知，V 还可通过高分子纤维的几何尺寸计算

$$V = [nl_c + (n+1)d_b][nl_b + (n+1)d_b]^2 \tag{5.45}$$

对于准静态加载，可以认为模型在任意时刻皆处于平衡状态，即模型在各方向上加速度均为零。如图 5.30 所示，在加载方向上，纵向高分子纤维和水的作用力与外荷载达到平衡，即

$$[nl_b + (n+1)d_b]^2\sigma = (n+1)^2 d_c^2 \sigma_{pc} + \{[nl_b + (n+1)d_b]^2 - (n+1)^2 d_c^2\}\sigma_{w,static} \tag{5.46}$$

其中，σ 是整个模型的平均应力。

在两个非加载的主方向上，横向高分子纤维和水的作用力互相达到平衡，即

$$\{[nl_c + (n+1)d_b][nl_b + (n+1)d_b] - (n+1)^2 d_b^2\}\sigma_{w,static} = (n+1)^2 d_b^2 \sigma_{pb} \tag{5.47}$$

对于整个模型，其纵向应变是纵向高分子纤维和横向高分子纤维共同变形的效果

$$\varepsilon = \frac{[nl_0 + (n+1)d_0] - [nl_c + (n+1)d_b]}{nl_0 + (n+1)d_0} \tag{5.48}$$

上式给出的依然是名义应变的定义。

模型受到的总外荷载 F 是模型整体的平均应力 σ 和受力面积（模型上表面的面积）的乘积

$$F = \sigma \left[n l_b + (n+1) d_b \right]^2 \tag{5.49}$$

容易发现，σ 其实就是模型整体的真实应力，为了与名义应变互相对应，可将真实应力转化为名义应力 σ_E，它们之间的转换关系为

$$\sigma_E = \frac{\left[n l_b + (n+1) d_b \right]^2}{\left[n l_0 + (n+1) d_0 \right]^2} \sigma \tag{5.50}$$

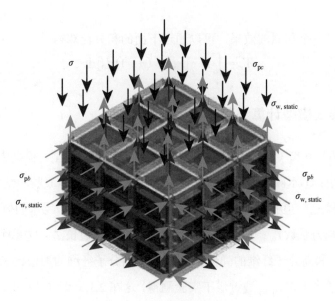

图 5.30　准静态条件下，模型在各方向上受力平衡

5.5.6　框架式模型中最小势能原理的运用

前面几小节介绍了水凝胶框架式模型，但由于缺失能够确定模型失水量的条件，模型至此仍无法求解。理论上，不同的失水量会导致模型具有不同的势能，根据大自然的普遍规律，物质的势能总趋向于最小状态。所以，此处以达到最小势能为判断条件，确定失水量。标记模型的总势能为 U，它应满足

$$U = |U|_{\min} \tag{5.51}$$

势能 U 是应变能 E_s 和外力功 W_e 的差

$$U = E_s - W_e \tag{5.52}$$

流失的水的应变能可以认为是零，模型整体的应变能来自于高分子纤维的变形以及没流失的水的变形

$$E_s = \frac{1}{2}n(n+1)^2\left[(\varepsilon_{pc}\sigma_{pc} - 2\sigma_{w,static}\varepsilon_{pcs})l_c d_c^2 + 2(\varepsilon_{pb}\sigma_{pb} + 2\sigma_{w,static}\varepsilon_{pbs})l_b d_b^2\right]$$
$$+ \frac{(\sigma_{w,static})^2 V_{wx}}{2E_w}$$

（5.53）

外力功是一个积累的效果，可以通过下面的积分计算得

$$W_e = \int_0^\varepsilon F \cdot \left[nl_0 + (n+1)d_0\right]\mathrm{d}\varepsilon \tag{5.54}$$

5.5.7　框架式模型计算流程

式（5.20）~式（5.54）构成了完整的水凝胶框架式模型。模型中涉及的已知量有以下几个：①水凝胶的含水率 r_{water} 或固体含量 r_p；②水凝胶的结合水含量 r_{wb} 或自由水含量 r_{wf}；③高分子纤维的密度 ρ_p 和水的密度 ρ_w；④水的体积模量 E_w；⑤水的表面张力系数 T_w；⑥高分子纤维的初始横截面边长 d_0；⑦单个主方向上的胞元数量 n；⑧高分子纤维的弹性模量 E_p；⑨高分子纤维的泊松比 ν_p；

水凝胶的含水率 r_{water} 通过烘干实验测得，这在 2.1.3 节中已有讲述。自由水含量可通过差示扫描量热法测定，具体操作在 5.5.8 节中有介绍。对于本书中使用的 PVA 水凝胶，高分子纤维密度 $\rho_p = 1\,300\ \text{kg/m}^3$，水的密度 $\rho_w = 1\,000\ \text{kg/m}^3$。水的体积模量 $E_w = 2.18\ \text{GPa}$，表面张力系数 $T_w = 0.072\,8\ \text{N/m}$，皆为被大众认可的固定值。高分子纤维的初始横截面边长 d_0 等同于实际材料中的纤维直径，可通过如图 5.1 所示的显微观测统计，对于本书使用的 PVA 水凝胶取 3 μm 即可。单个主方向上的胞元数量 n 可根据试件的实际大小而定，事实上，当 $n > 1\,000$，n 对模型的计算结果影响非常微小，这里取 $n = 5\,000$。高分子纤维的弹性模量 E_p 和泊松比 ν_p 比较难实测，但大多数固体的泊松比落在 0.2~0.4 范围，在这范围内，ν_p 对计算结果的影响很小，所以取 $\nu_p = 0.3$ 即可。E_p 可通过拟合得到，这里认为水凝胶的含水率对高分子纤维的弹性模量 E_p 没有影响，所以可以通过拟合某一含水率下的 E_p，用于预测其他含水率试件的力学行为。

模型涉及的公式较多，图 5.31 给出了计算步骤：①将水凝胶的含水率 r_{water} 和

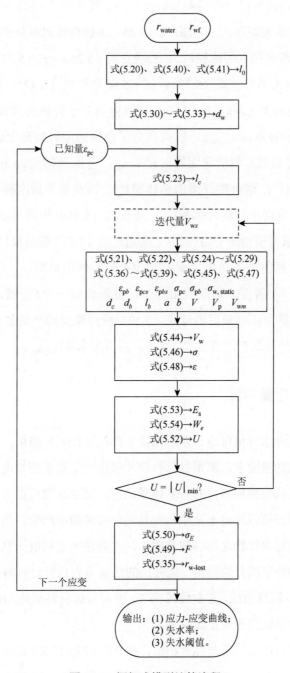

图 5.31　框架式模型计算流程

对应的自由水含量 r_{wf} 或结合水含量 r_{wb} 作为已知参数；②联立式（5.20）、式（5.40）和式（5.41）算得高分子纤维的初始长度 l_0；③联立式（5.30）～式（5.33）求得结合水与纤维的最大距离 d_w；④由式（5.23）求解得纵向高分子纤维的即时长度 l_c；⑤假定一个流失的水的体积 V_{wx}；⑥联立式（5.21）、式（5.22）、式（5.24）～式（5.29）、式（5.36）～式（5.39）、式（5.45）和式（5.47），求解得出横向高分子纤维的轴向应变 ε_{pb} 和轴向应力 σ_{pb}，纵向高分子纤维的横截面应变 ε_{pcs} 和轴向应力 σ_{pc}，水的静水压 $\sigma_{w,static}$，纵向高分子纤维的即时横截面边长 d_c，横向高分子纤维的即时长度 l_b 和横截面即时边长 d_b，虚拟膜的宽 $2a$ 和长 $2b$，模型除鼓泡外的总体积 V，聚合物纤维的总体积 V_p，以及单个鼓泡的体积 V_{wm}；⑦再通过式（5.44）求得水的即时体积 V_w，通过式（5.46）求得模型的平均应力 σ，通过式（5.48）求得模型的平均应变 ε；⑧通过式（5.53）解出模型的总应变能 E_s，通过式（5.54）解出外力功 W_e，通过式（5.52）解出势能 U；⑨判断势能 U 是否满足式（5.51），若否，则回到第⑤步，重新假定一个 V_{wx} 值，如此重复，直至式（5.51）被满足；⑩最后通过式（5.50）获得模型的平均名义应力 σ_E，通过式（5.49）获得外荷载 F，通过式（5.35）获得失水率 r_{w-lost}。

5.5.8　结合水含量测量

水凝胶的结合水含量可通过差示扫描量热法（DSC）测量。差示扫描量热法是在给定的变化的温度下，测量目标材料与参比物的功率差与温度关系的一种技术。变化的温度范围根据具体的待测物质确定，要求该物质在该范围内有物相变化，而参比物则在该范围内不发生相变且无任何热效应产生。当目标材料发生相变时，目标材料与参比物之间存在温度差，若要使两者温度一直保持相同，必然需要对目标材料补偿额外的热量，此补偿的热量即为目标材料的热效应。DSC 实验可得到热流率-温度曲线，若曲线峰朝下，表示目标材料放热，反之则表示吸热，峰包含的面积与热焓变化成正比关系。

水凝胶中的自由水性质与纯水相似，在 0℃（273.15 K）附近发生相变，而结合水相变的温度比自由水低，因此可以将两者区分开来。图 5.32 展示的是三种不同含水率的 PVA 水凝胶的 DSC 实验曲线，每种含水率均有 5 个试件。温度变化范围为–20～5℃，包含了自由水的相变温度。参考物为空气，空气在这温度变化范围内无相变发生。向下的曲线峰符合了水从固体状态相变到液体状态需要放热的情况。

自由水含量的计算公式为

$$r_{\text{wf}} = \frac{A_{\text{DSC}}}{H_{\text{w}}} \tag{5.55}$$

其中，A_{DSC} 是 DSC 实验曲线第一个峰包围的面积；H_{w} 是冰的标准熔化焓，其值大约为 333 J/g。

结合水含量可通过总的水含量减去自由水含量获得，即

$$r_{\text{wb}} = r_{\text{w}} - r_{\text{wf}} \tag{5.56}$$

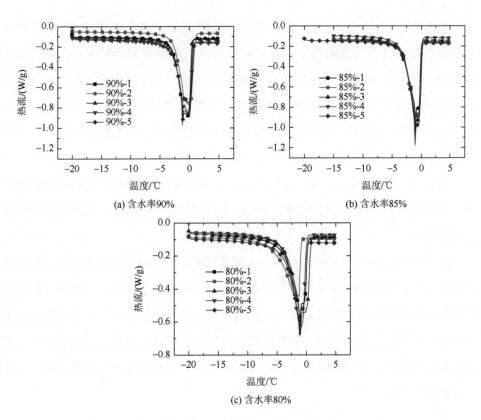

(a) 含水率90%

(b) 含水率85%

(c) 含水率80%

图 5.32　PVA 水凝胶的 DSC 实验曲线图（张泳柔，2017）

统计得到的各 PVA 水凝胶自由水和结合水含量列于表 5.3 中。可以看到，含水率越低，相对的自由水含量也越低。这是因为固体含量的增加必然导致更多的水容易与之产生氢键交联，从而使自由水分子的数量减少。

表 5.3　不同含水率的 PVA 水凝胶的自由水和结合水含量

含水率/%	90	85	80
自由水含量/%	30.41	14.34	10.00
结合水含量/%	59.59	70.66	70.00

5.5.9　框架式模型的预测效果及分析

如 5.5.7 节中所说，高分子纤维的弹性模量 E_p 是个未知的固定量。对于 PVA 水凝胶，根据已有的文献显示，不同研究者测出的结果差异巨大，范围在 1～100 MPa，且 E_p 对模型的预测效果影响非常显著。为了确定合理的 E_p 值，可以先使用一种含水率的 PVA 水凝胶的实验结果对其进行拟合，再用该 E_p 值预测其他含水率的试件。此处选用含水率为 80% 的 PVA 水凝胶实验结果作为拟合 E_p 的依据，然后对含水率为 90% 和 85% 的试件进行预测。拟合得到的 E_p 为 2.1 MPa，预测效果如图 5.33（a）所示。由于对高分子网络做了很大程度的简化，而且完全没有考虑交联密度的问题，所以预测效果一般，但也能反映曲线的大致趋势。

图 5.33（b）是模型对材料加载失水率的预测，应变与加载失水率的正相关线性关系与 2.2 节中的实测结果相符，的确反映了加载失水趋势。但显然，预测的加载失水率比实际的要大很多，而且也没有反映出水凝胶含水率对加载失水的影响。这是因为模型使用了最小势能原理作为判断失水量的依据，在此判据下，失水量都是相似的，且它的值较大，而实际情况中，材料很可能因为多种原因不能达到势能最小的状态。

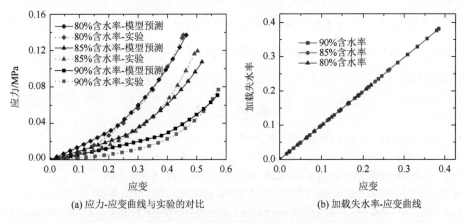

(a) 应力-应变曲线与实验的对比　　　　　(b) 加载失水率-应变曲线

图 5.33　水凝胶框架式模型的预测效果（张泳柔，2017）

　　虽然框架式模型的预测效果一般，但它考虑了水与高分子网络之间的相互作用，所以在分析这两者对水凝胶整体应力的贡献上，比随机纤维网络模型更加可靠。图 5.34 以含水率 80%的 PVA 水凝胶为例，展示了高分子网络中的纵向纤维和水随压缩荷载的应力变化。在加载早期，水的应力非常低，外荷载几乎完全由高分子网络承担。这是因为模型中最小势能的条件使水的流失量被严重高估，导致太多的水的应力被释放。在实际中，失水率要小得多，水的作用应该要比模型评估的大。而在加载后期，模型没有加载失水，水的应力迅速增大，对整体应力

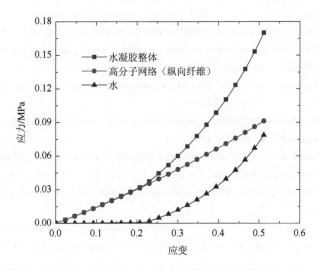

图 5.34　框架式模型分析的高分子网络和水对整体平均应力的贡献（含水率 80%PVA 水凝胶）

的贡献不断提升，并使水凝胶整体表现出了强烈的非线性。综合看来，在压缩荷载作用下，水与高分子网络对水凝胶整体的贡献是相当的，甚至水的影响可能更占主导地位。

参 考 文 献

丁榕，2021. 多轴加载下水凝胶及纤维网络力学行为研究[D]. 广州：华南理工大学.

铁摩辛柯，古地尔，2013. 弹性理论[M]. 徐芝纶，译，北京：高等教育出版社.

许可嘉，2020. 基于单轴拉伸的 PVA 水凝胶微观网络模型研究[D]. 广州：华南理工大学.

张泳柔，2017. 单轴荷载下 PVA 水凝胶力学行为的实验表征与模型研究[D]. 广州：华南理工大学.

Ding R，Wang X Y，Tang L Q，et al.，2021. A new method to study contributions of polymer fibers and water respectively to the hydrogel stress under tension and compression using 3D micro-fiber network model[J]. International Journal of Applied Mechanics，13（4）：2150048.

Dong S B，Huang Z T，Tang L Q，et al.，2017. A three-dimensional collagen-fiber network model of the extracellular matrix for the simulation of the mechanical behaviors and micro structures[J]. Computer Methods in Biomechanics and Biomedical Engineering，20（9）：991-1003.

Jiang X，Wang C Y，Han Q，2017. Molecular dynamic simulation on the state of water in poly（vinyl alcohol）hydrogel[J]. Computational and Theoretical Chemistry，1102：15-21.

Jin Y J，Wang T J，2009. Three-dimensional numerical modeling of the damage mechanism of amorphous polymer network[J]. Computational Materials Science，46（3）：632-638.

Lee B，Zhou X，Riching K，et al.，2014. A three-dimensional computational model of collagen network mechanics[J]. Plos One，9（11）：0111896.

Li L F，Ren L，Wang L，et al.，2015. Effect of water state and polymer chain motion on the mechanical properties of a bacterial cellulose and polyvinyl alcohol（BC/PVA）hydrogel[J]. RSC Advances，5（32）：25525-25531.

Molteni M，Magatti D，Cardinali B，et al.，2013. Fast two-dimensional bubble analysis of biopolymer filamentous networks pore size from confocal microscopy thin data stacks[J]. Biophysical Journal，104（5）：1160-1169.

Quinn T M，Morel V，2007. Microstructural modeling of collagen network mechanics and interactions with the proteoglycan gel in articular cartilage[J]. Biomechanics and Modeling in Mechanobiology，6：73-82.

Stein A M，Vader D A，Weitz D A，et al.，2011. The micromechanics of three-dimensional collagen-I gels[J]. Complexity，16（4）：22-28.

Wang Y C，Alonso-Marroquin F，2009. A finite deformation method for discrete modeling：particle rotation and parameter calibration[J]. Granular Matter，11（5）：331-343.

Xu K J，Tang L Q，Zhang Y R，et al.，2019. Study on the microscopic network model of PVA hydrogel based on the tensile behavior[J]. Acta Mechanica Solida Sinica，32：663-674.

Zhang Y R，Huang Z T，Dong S B，et al.，2020. Evaluation of cell's passability in ECM network[J]. Biophysical Journal，119（6）：1056-1064.

Zhang Y R，Tang L Q，Xie B X，et al.，2017. A variable mass meso-model for the mechanical and water-expelled behaviors of PVA hydrogel in compression[J]. International Journal of Applied Mechanics，9（3）：1750044.

第六章 水凝胶的静动态本构关系

第二到四章通过实验对水凝胶的力学性能有了初步了解。第五章通过细观结构模型对水凝胶中高分子网络和水的作用进行了分析，进一步了解了水凝胶宏观力学行为的细观机理。基于这些研究成果，本章提出了一套水凝胶的半唯象本构方程，旨在更好地表征水凝胶的力学行为。

6.1 准静态本构模型

失水现象是多种水凝胶（如 PVA 水凝胶、假酸浆水凝胶、脑组织等）在准静态加载下的一个重要特征。因此，推导本构方程时，体积变化会被作为一个重要参量来考虑。另外，从第五章的细观结构模型研究可知，高分子网络和水的作用对水凝胶的宏观力学行为均非常重要，因此本章会同等地考虑它们。

6.1.1 本构模型基本假设

水凝胶内包含了高分子网络、水，以及不成型的聚合物分子链、游离的粒子等，虽然后两者在 5.1 节中被证实了含量不低，但由于不能承载，此处不予考虑。所有外荷载由高分子网络和水共同承担，也即水凝胶的应力，应等于高分子网络的应力和水凝胶内部水的应力之和（Zhang et al., 2018）。图 6.1 展示的是单位体积的水凝胶。标记水凝胶因外荷载而产生的真实应力张量为 σ，而高分子网络和水的真实应力张量分别为 σ_p 和 σ_w，则

$$\sigma = \sigma_p + \sigma_w \qquad (6.1)$$

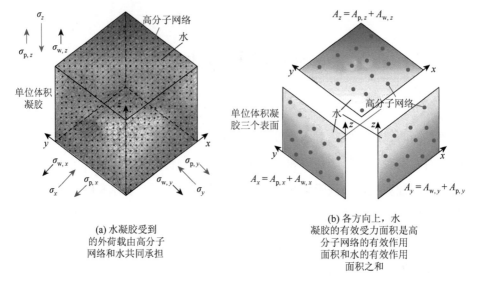

(a) 水凝胶受到
的外荷载由高分子
网络和水共同承担

(b) 各方向上，水
凝胶的有效受力面积是高
分子网络的有效作用
面积和水的有效作用
面积之和

图 6.1　准静态本构模型示意图

在各方向上，水凝胶的有效受力面积，显然就是高分子网络的有效作用面积和水的有效作用面积之和 [图 6.1（b）]。以下标 x、y 和 z 表示坐标轴的 3 个方向，$A_i\,(i=x,y,z)$ 表示水凝胶在某方向的有效受力面积，$A_{p,i}\,(i=x,y,z)$ 和 $A_{w,i}\,(i=x,y,z)$ 分别表示高分子网络和水凝胶内部水在某方向的有效作用面积，则

$$\begin{cases} A_x = A_{p,x} + A_{w,x} \\ A_y = A_{p,y} + A_{w,y} \\ A_z = A_{p,z} + A_{w,z} \end{cases} \tag{6.2}$$

6.1.2　准静态本构模型推导

将水凝胶中高分子网络和水的作用分开来考虑。首先考虑高分子网络部分，假设其名义应力张量为 $\sigma_{p,E}$，名义应变张量为 $\sigma_{p,E}$，变形梯度张量为 $\boldsymbol{F}$，应变能密度为 W_p，则有

$$\sigma_{p,E} = \frac{\partial W_p}{\partial \varepsilon_{p,E}} = \frac{\partial \boldsymbol{F}}{\partial \varepsilon_{p,E}} \cdot \frac{\partial W_p}{\partial \boldsymbol{F}} = \frac{\partial W_p}{\partial \boldsymbol{F}} \tag{6.3}$$

而真实应力 σ_p 与名义应力 $\sigma_{p,E}$ 的关系为

$$\sigma_p = \frac{\boldsymbol{F}^T}{J}\sigma_{p,E} \tag{6.4}$$

其中，J 的定义和在第五章中的一样，表示体积变化率，有 $J = V/V_0 = \det(\boldsymbol{F})$。结合式（6.3）和式（6.4）有

$$\boldsymbol{\sigma}_{\mathrm{p}} = \frac{\boldsymbol{F}^T}{J} \cdot \frac{\partial W_{\mathrm{p}}}{\partial \boldsymbol{F}} \tag{6.5}$$

准静态荷载因速度足够慢，被加载的弹性体可认为随时处于平衡状态，所以动能变化可忽略不计。又假设加载过程是绝热的，也即整个加载系统没有热量变化，则根据热力学第一定律，外力所做的功全部转化为弹性体的内能，由于这部分内能因弹性体变形所得，所以这部分内能就是弹性体的应变能（Hong et al., 2008；Cai et al., 2012）。根据 Flory 等（1943，1953）的理论，高分子网络的应变能等于

$$W_{\mathrm{p}} = \frac{\kappa \upsilon T}{2} \left[\lambda_1^2 + \lambda_2^2 + \lambda_3^2 - 3 - 2\ln(\lambda_1 \lambda_2 \lambda_3) \right] \tag{6.6}$$

其中，κ 是玻尔兹曼常数，其值约为 1.38×10^{-23} J/K；υ 是单位体积高分子网络中高分子链的数量；T 是温度，本书中的实验均在室温中进行；$\lambda_i\ (i = 1, 2, 3)$是三个主应变方向的伸长率，也即 $\lambda_i = l_i/l_{0i}\ (i = 1, 2, 3)$，$l_i\ (i = 1, 2, 3)$是三个主方向上高分子网络的即时边长，$l_{0i}\ (i = 1, 2, 3)$则是相应的初始长度。为了简单起见，让 x、y 和 z 方向就是三个主方向，后面都使用 x、y 和 z 作为下标。将式（6.6）代入式（6.5）可得

$$\begin{cases} \sigma_{\mathrm{p},x} = \dfrac{\kappa \upsilon T}{J} \left(\lambda_x^2 - 1 \right) \\[2mm] \sigma_{\mathrm{p},y} = \dfrac{\kappa \upsilon T}{J} \left(\lambda_y^2 - 1 \right) \\[2mm] \sigma_{\mathrm{p},z} = \dfrac{\kappa \upsilon T}{J} \left(\lambda_z^2 - 1 \right) \end{cases} \tag{6.7}$$

接下来考虑水凝胶内部的水。在 5.4 节中已说明过，水的静水压在各个方向上大小相同，但若有效作用面积不同，则作用力的值会不同。标记水凝胶内部水的静水压为 $\sigma_{\mathrm{w, static}}$，则在 3 个主方向 (x, y, z) 上，水的应力分别为

$$\begin{cases} \sigma_{\mathrm{w},x} = \sigma_{\mathrm{w, static}} \cdot A_{\mathrm{w},x} \\ \sigma_{\mathrm{w},y} = \sigma_{\mathrm{w, static}} \cdot A_{\mathrm{w},y} \\ \sigma_{\mathrm{w},z} = \sigma_{\mathrm{w, static}} \cdot A_{\mathrm{w},z} \end{cases} \tag{6.8}$$

结合式（6.1）、式（6.7）和式（6.8）可得

$$
\begin{cases}
\sigma_x = \dfrac{\kappa v T}{J}\left(\lambda_x^2 - 1\right) + \sigma_{\mathrm{w,static}} \cdot A_{\mathrm{w},x} \\[2mm]
\sigma_y = \dfrac{\kappa v T}{J}\left(\lambda_y^2 - 1\right) + \sigma_{\mathrm{w,static}} \cdot A_{\mathrm{w},y} \\[2mm]
\sigma_z = \dfrac{\kappa v T}{J}\left(\lambda_z^2 - 1\right) + \sigma_{\mathrm{w,static}} \cdot A_{\mathrm{w},z}
\end{cases}
\tag{6.9}
$$

式（6.9）就是准静态条件下水凝胶材料的本构方程，里面包含了高分子网络和水分别对水凝胶整体的贡献。

针对空气环境中单轴压缩情况，假设加载方向为 z 方向，在 x 和 y 方向上不受外力，则有

$$
\sigma_x = \sigma_y = 0, \ \varepsilon_x = \varepsilon_y
\tag{6.10}
$$

将式（6.10）代入式（6.9）可得

$$
\begin{cases}
0 = \dfrac{\kappa v T}{J}\left(\dfrac{J}{\lambda_z} - 1\right) + \sigma_{\mathrm{w,static}} \cdot A_{\mathrm{w},x} \\[3mm]
\sigma_z = \dfrac{\kappa v T}{J}\left(\lambda_z^2 - 1\right) + \sigma_{\mathrm{w,static}} \cdot A_{\mathrm{w},z}
\end{cases}
\tag{6.11}
$$

对式（6.11）进一步化简有

$$
\sigma_z = \frac{\kappa v T}{J}\left[\left(\lambda_z^2 - 1\right) + \frac{A_{\mathrm{w},z}}{A_{\mathrm{w},x}}\left(1 - \frac{J}{\lambda_z}\right)\right]
\tag{6.12}
$$

因为伸长量 λ_z 和真实应力 ε_z 与物体原始高度 $l_{0,z}$ 和即时高度 l_z 的关系分别如式（6.13）和式（6.14）所示

$$
\lambda_z = \frac{l_z}{l_{0,z}}
\tag{6.13}
$$

$$
\varepsilon_z = \int \frac{\delta l_z}{l_z}
\tag{6.14}
$$

所以伸长量 λ_z 和真实应力 ε_z 之间的关系为

$$
\lambda_z = \mathrm{e}^{\varepsilon_z}
\tag{6.15}
$$

将式（6.15）代入式（6.12）中，有

$$\sigma_z = \frac{\kappa v T}{J}\left[\mathrm{e}^{2\varepsilon_z} - 1 + \frac{A_{\mathrm{w},z}}{A_{\mathrm{w},x}}\left(1 - J\mathrm{e}^{-\varepsilon_z}\right)\right] \tag{6.16}$$

其中，$A_{\mathrm{w},z}$ 是加载方向上水凝胶内部水的有效作用面积，而 $A_{\mathrm{w},x}$ 则是垂直于加载方向的其他主方向上的水的有效作用面积。无论是 $A_{\mathrm{w},z}$ 还是 $A_{\mathrm{w},x}$ 都很难通过实验测量，仅能通过类似 5.4.2 节中介绍的方法进行评估。但可以肯定，这两者都是真实应变的函数，它们的比值同样也是。在 5.4.2 节中已知它们比值的函数接近于一次线性函数 $k\varepsilon_z + b$，且参数 b 的值非常接近于 1，接近 1 但不是 1 的原因是网络模型自身具有一定的随机性，而这里作为理想的理论模型，直接取 1 即可，所以

$$\frac{A_{\mathrm{w},z}}{A_{\mathrm{w},x}} = k\varepsilon_z + 1 \tag{6.17}$$

式中，参数 k 的值取决于具体材料、试件大小、加载环境等因素，是个本质非常复杂的量，目前只能通过拟合获知具体数值。将式（6.17）代入式（6.16）中可得

$$\begin{cases} \sigma_z = \dfrac{\kappa v T}{J}\left[\mathrm{e}^{2\varepsilon_z} - 1 + (k\varepsilon_z + 1)\left(1 - J\mathrm{e}^{-\varepsilon_z}\right)\right] \\ \quad\; = \dfrac{\kappa v T}{J}\left(\mathrm{e}^{2\varepsilon_z} + k\varepsilon_z - J\mathrm{e}^{-\varepsilon_z} - kJ\varepsilon_z\mathrm{e}^{-\varepsilon_z}\right) \end{cases} \tag{6.18}$$

式（6.18）即为空气环境中准静态单轴压缩的水凝胶本构方程。

若是在溶液环境中，边界条件有所改变，式（6.10）变为

$$\sigma_x = \sigma_y = p_0, \; \varepsilon_x = \varepsilon_y \tag{6.19}$$

其中，p_0 是环境溶液施加的静水压。将式（6.19）代入式（6.9），再进行简化，最终可得溶液环境中准静态单轴压缩的水凝胶本构方程为

$$\sigma_z = \frac{\kappa v T}{J}\left(\mathrm{e}^{2\varepsilon_z} - 1\right) + (1 + k\varepsilon_z)\left[p_0 + \frac{\kappa v T}{J}\left(1 - J\mathrm{e}^{-\varepsilon_z}\right)\right] \tag{6.20}$$

容易看出，式（6.18）是式（6.20）的特殊情况，可以用式（6.20）统一起来，并令 p_0 表示作用在试件侧面的均布力。事实上，若 p_0 一直保持不变，是很难通过实验数据直接体现出来的。因为 p_0 并非开始测试时才突然存在，实验测得的应力

和应变不包含不变的 p_0 所造成的影响。所以，与实验数据对比时，我们只需考虑 p_0 的变化值。而 p_0 在空气和溶液环境中随应变的变化如下：

$$p_{0,\text{Quasi-static}} = \begin{cases} 0 & \text{空气环境} \\ \dfrac{\rho_{\mathrm{s}} g h_0}{2}\left(1 - \mathrm{e}^{\varepsilon_z}\right) & \text{溶液环境} \end{cases} \tag{6.21}$$

下标"Quasi-static"表示准静态条件，ρ_{s} 是环境溶液的密度，g 是重力加速度，h_0 是试件初始高度。

6.1.3 加载下体积变化率的推导

本节将详细讨论式（6.20）中体积变化率 J 与真实应变 ε_z 的关系（Zhang et al., 2022）。体积变化 J 的定义是试件即时体积 V 与初始体积 V_0 的比值

$$J = \frac{V}{V_0} \tag{6.22}$$

水凝胶一般含水率较高，例如第二章中展示的 PVA 水凝胶，水占整体的质量比可以超过 90%，换算成体积比则更高，因此可以认为水凝胶的体积变化由水做主导。水本来可认为不可压缩，但水凝胶中的水在一定条件下可以进出水凝胶，而导致水进出水凝胶的因素包括粒子（离子）浓度差和外力等。另外，容易想象，水进出的量与试件的表面积大小也有关系。综合对这些因素的考虑，可以假设水凝胶体积变化与真实应变有如下关系：

$$\frac{\mathrm{d}V}{\mathrm{d}\varepsilon_z} = K^* S\left(\sigma_{\mathrm{w},x} + \sigma_{\mathrm{w},0}\right) \tag{6.23}$$

其中，参数 K^* 代表环境影响项；S 是试件的侧表面积；$\sigma_{\mathrm{w},x}$ 是水凝胶内部水在 x 方向（垂直于单轴加载方向）上的应力，其值可用式（6.8）计算；$\sigma_{\mathrm{w},0}$ 是初始时水凝胶内部水的应力，初始时，水凝胶内的水便和高分子网络存在一定的力相互作用，这相互作用导致水无法自由流失。

若试件为圆柱形，则其侧表面积 S 和体积 V 有

$$S = 2\pi r h \tag{6.24}$$

$$V = \pi r^2 h \tag{6.25}$$

式中，r 是试件的即时半径，h 是试件的即时高度。结合式（6.22）和式（6.25）可知

$$r = \sqrt{\frac{JV_0}{\pi h}} \tag{6.26}$$

试件的即时高度 h 可由初始高度 h_0 与真实应变 ε_z 计算得

$$h = h_0 e^{\varepsilon_z} \tag{6.27}$$

由式（6.8）中的第一式和式（6.11）中的第一式，结合式（6.15）可知

$$\sigma_{w,x} = \frac{\kappa v T}{J}\left(1 - Je^{-\varepsilon_z}\right) \tag{6.28}$$

再由式（6.22）对应变求导有

$$\frac{dJ}{d\varepsilon_z} = \frac{1}{V_0}\frac{dV}{d\varepsilon_z} \tag{6.29}$$

结合式（6.23）、式（6.24）和式（6.26）～式（6.29）可得

$$\sqrt{J}\,dJ = \frac{2K^* e^{\frac{\varepsilon_z}{2}} J\left[\frac{\kappa v}{J}\left(1 - Je^{-\varepsilon_z}\right) + \sigma_{w,0}\right]}{r_0}d\varepsilon_z \tag{6.30}$$

对式（6.30）中的指数项进行泰勒展开，并去掉高阶项可得

$$\sqrt{J}\,dJ = \frac{2K^*}{r_0}\left(1 + \frac{\varepsilon_z}{2} + \frac{\varepsilon_z^2}{8} + \frac{\varepsilon_z^3}{48}\right)J\left[\frac{\kappa v T}{J}\left(1 - J\left(1 - \varepsilon_z + \frac{\varepsilon_z^2}{2} - \frac{\varepsilon_z^3}{6}\right)\right) + \sigma_{w,0}\right]d\varepsilon_z \tag{6.31}$$

下面求解式（6.31）。首先对 $\sqrt{J}$ 进行换元，设

$$x = \sqrt{J} \tag{6.32}$$

则有

$$2x^2 dx = \sqrt{J}\,dJ \tag{6.33}$$

x 的表达式未知，但可以肯定它是应变 ε_z 的函数，因此，可以假设 x 与 ε_z 间存在

以下多项式关系：

$$x = 1 + b\varepsilon_z + c\varepsilon_z^2 \qquad (6.34)$$

其中 b、c 均为常数。将式（6.33）和式（6.34）代入式（6.31）中，可解得

$$b = \frac{K^* \sigma_{w,0}}{r_0}$$

$$c = \frac{K^*}{2r_0}\left[\frac{1}{2}\sigma_{w,0} - \frac{2K^*\sigma_{w,0}}{r_0}\kappa\upsilon T + \kappa\upsilon T\right] \qquad (6.35)$$

将式（6.34）和式（6.35）代入式（6.32）中，可得体积变化率 J 与应变 ε_z 的关系式为

$$J = 1 + \frac{2\sigma_{w,0}K^*}{r_0}\varepsilon_z + \left[\left(\frac{\sigma_{w,0}K^*}{r_0}\right)^2 + \frac{K^*}{r_0}\left(\kappa\upsilon T + \frac{1}{2}\sigma_{w,0} - \frac{2\kappa\upsilon T\sigma_{w,0}K^*}{r_0}\right)\right]\varepsilon_z^2 \quad (6.36)$$

式（6.36）包含了多个带有量纲的参量，且除试件初始半径 r_0 外，这些参量大多需要通过实验拟合，导致式子实用性不高。因此，我们将式（6.36）进行以下无量纲简化：

$$J = 1 + 2\xi_w\varepsilon_z + \left[(\xi_w)^2 + \xi_p + \frac{1}{2}\xi_w - 2\xi_p\xi_w\right]\varepsilon_z^2 \qquad (6.37)$$

其中，

$$\xi_w = \frac{K^*}{K_w}$$

$$\xi_p = \frac{K^*}{K_p}$$

K_w 是水凝胶内水的初始应力梯度的倒数；K_p 则是材料刚度梯度的倒数。式（6.37）需要拟合的参量仅有 ξ_w 和 ξ_p 两个，且均不带量纲，本构方程实用性得到增强。

将式（6.20）与式（6.37）结合，即可构成水凝胶在准静态单轴压缩条件下的本构方程。

6.1.4　准静态单轴压缩的拟合效果

用上述本构方程对 2.4.2 节中的实验结果进行拟合。由于材料相同，实验时室

温比较稳定，所以参数 $\kappa\upsilon T$ 是定值。仅与环境相关的参数 K^* 不随试件尺寸变化。但表征试件轴向和径向的水的有效作用面积之比的变化的参数 k，以及初始时刻水的应力 $\sigma_{w,0}$ 则同时与试件尺寸和环境有关，尤其是参数 k。

最终拟合出的参数列于表 6.1，拟合效果如图 6.2 所示。此处使用了式（6.36）而非式（6.37）做拟合，是因为 2.4.2 节中的实验将试件的初始半径作为了研究对象之一，一般情况下，仅有两个无量纲参数的式（6.37）更适合用于半经验的本构方程研究。拟合曲线与实验曲线有较好的重合度，因此，我们可以认为本构方程在很大程度上是合理的。

表 6.1　根据 PVA 水凝胶准静态单轴压缩实验结果拟合的本构参数

环境	试件尺寸	k	$\sigma_{w,0}$/MPa	K^*/(mm/MPa)	$\kappa\upsilon T$/(MPa·K)
溶液环境	直径 30 mm 高 30 mm	−3.09	−0.03		
	直径 20 mm 高 20 mm	−1.97	−0.03	−5.42	
	直径 10 mm 高 10 mm	−1.31	−0.03		0.03
空气环境	直径 30 mm 高 30 mm	−5.95	−0.04		
	直径 20 mm 高 20 mm	−2.16	−0.06	−2.99	
	直径 10 mm 高 10 mm	−2.58	−0.07		

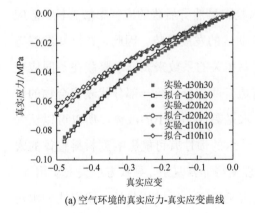

(a) 空气环境的真实应力-真实应变曲线

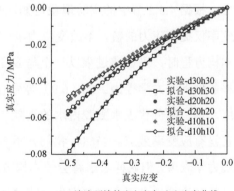

(b) 溶液环境的真实应力-真实应变曲线

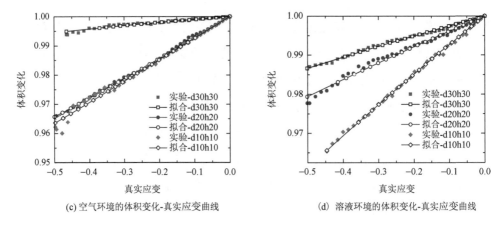

(c) 空气环境的体积变化-真实应变曲线　　　　　(d) 溶液环境的体积变化-真实应变曲线

图 6.2　本构方程与 PVA 水凝胶准静态实验数据的拟合效果

试件尺寸有三种，分别为直径 30 mm，高 30 mm；直径 20 mm，高 20 mm；以及直径 10 mm，高 10 mm。图示中的"d"代表直径，"h"代表高度。

6.2　动态本构关系

6.1 节中的本构方程并未考虑到水凝胶材料的应变率效应，在本节中将加入包含应变率的项，使最终的本构方程适用于不同的应变率条件。

6.2.1　动态本构方程推导

根据 4.3.2 节中的实验现象可知，水凝胶虽然有显著的应变率敏感性，但应变率仅提高应力的值，不改变应力-应变曲线的发展趋势。因此，在已知准静态本构方程时，可以通过乘以一个与应变率相关的系数来表征水凝胶在不同应变率条件下的力学行为。式（6.9）等号右边有两部分，第一部分代表聚合物的作用，第二部分代表水凝胶内水的贡献。水是黏性非常小的液体，所以可以认为它没有应变率效应。当然，我们并不否认水的惯性有可能影响到材料整体的宏观力学表现，但这样考虑将会使本构方程变得非常复杂，导致方程失去实用性，另外，这惯性是否合理其实也很难通过实验验证。所以，此处，我们认为水对材料应变率敏感性的贡献主要体现在与聚合物的相互作用上，它阻碍了聚合物的变形。因此，我们仅在聚合物项上添加反映应变率效应的函数（Xie et al.,

2019；Wang et al.，2023），那么，式（6.9）变为

$$
\begin{cases}
\sigma_x = f(\dot{\varepsilon}_x) \dfrac{\kappa \upsilon T}{J} (\lambda_x^2 - 1) + \sigma_{\mathrm{w,static}} \cdot A_{\mathrm{w},x} \\[2mm]
\sigma_y = f(\dot{\varepsilon}_y) \dfrac{\kappa \upsilon T}{J} (\lambda_y^2 - 1) + \sigma_{\mathrm{w,static}} \cdot A_{\mathrm{w},y} \\[2mm]
\sigma_z = f(\dot{\varepsilon}_z) \dfrac{\kappa \upsilon T}{J} (\lambda_z^2 - 1) + \sigma_{\mathrm{w,static}} \cdot A_{\mathrm{w},z}
\end{cases}
\tag{6.38}
$$

考虑单轴压缩情况，实验环境为空气时有 $\sigma_x = \sigma_y = 0$，$\varepsilon_x = \varepsilon_y$ 和 $f(\dot{\varepsilon}_x) = f(\dot{\varepsilon}_y)$，容易推导出加载方向上的应力表达式为

$$
\sigma_z = f(\dot{\varepsilon}_z) \frac{\kappa \upsilon T}{J} \left(\mathrm{e}^{2\varepsilon_z} - 1 \right) + f(\dot{\varepsilon}_x)(1 + k\varepsilon_z)(1 - J\mathrm{e}^{-\varepsilon_z})
\tag{6.39}
$$

若加载环境为溶液环境，则侧向上的应力不再为 0，而是 $\sigma_x = \sigma_y = p_0$，所以在侧向上有

$$
f(\dot{\varepsilon}_x) \frac{\kappa \upsilon T}{J} (\lambda_x^2 - 1) + \sigma_{\mathrm{w,static}} \cdot A_{\mathrm{w},x} = p_0
\tag{6.40}
$$

其余变形协调条件不变，容易推导出加载方向的应力表达式变为

$$
\sigma_z = f(\dot{\varepsilon}_z) \frac{\kappa \upsilon T}{J} \left(\mathrm{e}^{2\varepsilon_z} - 1 \right) + f(\dot{\varepsilon}_x)(1 + k\varepsilon_z)(1 - J\mathrm{e}^{-\varepsilon_z}) + (1 + k\varepsilon_z) p_0
$$

$$
\tag{6.41}
$$

和准静态条件中的类似，式（6.39）其实是式（6.41）的特殊情况，可以用式（6.41）统一起来。考虑到 4.4 节中我们给出的动态实验条件，试件尺寸较小，溶液环境由一个相比试件要大许多的水箱提供，所以可以简单地将试件受到的来自环境的静水压视为常数，也即

$$
p_{0,\mathrm{dynamic}} =
\begin{cases}
0 & \text{空气环境} \\
\rho_s g h_s & \text{溶液环境}
\end{cases}
\tag{6.42}
$$

下标"dynamic"表示动态加载，ρ_s 是环境溶液密度，g 是重力加速度，h_s 是试件到环境溶液上表面的距离。

6.2.2　轴向应变率和径向应变率的关系

式（6.41）中带有应变率的未知函数有两项，分别是代表加载方向应变率效

应的 $f(\dot{\varepsilon}_z)$，和代表非加载方向应变率作用效果的 $f(\dot{\varepsilon}_x)$。容易知道，这两者之间应该存在紧密关联，因为非加载方向应变 ε_x 本身就应该是加载方向应变 ε_z 的函数。下面来推导 $f(\dot{\varepsilon}_x)$ 和 $f(\dot{\varepsilon}_z)$ 的关系。

根据体积变化率 J 的定义，$J = V/V_0$，当研究对象为单位体积水凝胶（图 6.1）时，有 $V_0 = 1$，且容易知道即时体积 V 等于三个方向的伸长率 λ_i $(i = x, y, z)$ 的乘积，所以有

$$J = \lambda_x \lambda_y \lambda_z \qquad (6.43)$$

再考虑到单轴加载时，x 和 y 方向上的变形相同，所以上式可以简化为

$$J = \lambda_x^2 \lambda_z \qquad (6.44)$$

式（6.13）和式（6.14）已推导过伸长率和应变之间的关系，此处直接写出推导结果，它们之间的关系是

$$\lambda_i = e^{\varepsilon_i} \quad (i = x, y, z) \qquad (6.45)$$

将式（6.45）代入式（6.44）中有

$$J = e^{2\varepsilon_x} e^{\varepsilon_z} \qquad (6.46)$$

从第二章的实验结果中可以知道，水凝胶体积随应变变化的量非常小，几乎可以认为是不可压缩材料，为了简单起见，这里使用这一假设。也即此处认为 J 恒等于 1，是个与应变无关的常数。那么，将式（6.46）对时间求导，有

$$\dot{\varepsilon}_z e^{2\varepsilon_x} e^{\varepsilon_z} + 2\dot{\varepsilon}_x e^{2\varepsilon_x} e^{\varepsilon_z} = 0 \qquad (6.47)$$

化简上式可以得到

$$\dot{\varepsilon}_z = -2\dot{\varepsilon}_x \qquad (6.48)$$

也就是说，在单轴加载条件下，加载方向的应变率在数值上是非加载方向的应变率的 2 倍。负号表示它们方向相反，单轴压缩时，侧面处于膨胀状态，单轴拉伸时，侧面将会收缩。

将式（6.48）代入式（6.41），我们得到

$$\sigma_z = f(\dot{\varepsilon}_z) \frac{\kappa \upsilon T}{J} \left(e^{2\varepsilon_z} - 1\right) + f\left(\frac{\dot{\varepsilon}_z}{2}\right) \left(1 + k\varepsilon_z\right) \left(1 - J e^{-\varepsilon_z}\right) + \left(1 + k\varepsilon_z\right) p_0 \qquad (6.49)$$

在 4.4.4 节中提到过，材料本身对环境溶液的静水压就存在一定的应力、应变响应，只是在 4.4 节的实验中，这应力响应无法从实验数据中反映，而应变响应则非常小，完全可以忽略。但出于严谨，它们应该在本构方程中有所体现。剔除静水压影响后的应力、应变分别为

$$\begin{cases} \sigma_{zz} = \sigma_z - p_0, \ \sigma_{xx} = 0, \ \sigma_{yy} = 0 \\ \varepsilon_{zz} = \varepsilon_z - \dfrac{p_0}{3K}, \ \varepsilon_{xx} = \varepsilon_x - \dfrac{p_0}{3K}, \ \varepsilon_{yy} = \varepsilon_y - \dfrac{p_0}{3K} \end{cases} \tag{6.50}$$

那么，式（6.49）也相应地变为

$$\sigma_{zz} = f(\dot{\varepsilon}_{zz}) \frac{\kappa \upsilon T}{J} \left(e^{2\varepsilon_{zz}} - 1 \right) + f\left(\frac{\dot{\varepsilon}_{zz}}{2} \right) \left(1 + k\varepsilon_{zz} \right) \left(1 - J e^{-\varepsilon_{zz}} \right) + \left(1 + k\varepsilon_{zz} \right) p_0 \tag{6.51}$$

式（6.51）和式（6.37）、式（6.42）以及式（6.50），构成了考虑了应变率效应的水凝胶单轴压缩条件下的本构方程。

6.2.3 动态单轴压缩的拟合效果

幂函数律（如 Cowper-Symonds 方程）和对数律（如 Johnson-Cook 模型）经常被用来表征材料的应变率敏感性，最简单的幂函数律形式如下

$$\frac{\sigma}{\sigma_0} = \left(\frac{\dot{\varepsilon}}{\dot{\varepsilon}_0} \right)^n \tag{6.52}$$

或者

$$\frac{\sigma}{\sigma_0} = 1 + \left(\frac{\dot{\varepsilon}}{\dot{\varepsilon}_0} \right)^n \tag{6.53}$$

而最简单的对数律形式如下

$$\frac{\sigma}{\sigma_0} = 1 + n^* \ln \frac{\dot{\varepsilon}}{\dot{\varepsilon}_0} \tag{6.54}$$

其中，n 或 n^* 是一个参数；$\dot{\varepsilon}_0$ 是基础应变率，一般取准静态，也即 0.001 s^{-1} 即可，σ_0 是基础应变率对应的应力。

观察图 4.10 和图 4.20 的实验结果，水凝胶在高应变率下的应变率敏感性更加显著，所以幂函数律更加适合。因此，可以假设式（6.51）中表征材料应变率敏感性的函数 $f(\dot{\varepsilon})$ 具体形式为

$$f(\dot{\varepsilon}) = \left(\frac{\dot{\varepsilon}}{\dot{\varepsilon}_0}\right)^n \tag{6.55}$$

将 $f(\dot{\varepsilon})$ 的具体形式代入式（6.51）即可对实验结果进行拟合。

$\kappa\upsilon$ 是仅与材料相关的参数，若再将水凝胶简单视为不可压缩材料，则 $J = 1$，那么在本构方程中，需要拟合的参量仅有 k 和 n 两个，可见，此本构模型相比其他一些本构，需要拟合的参数相对较少，但已同时考虑了环境和应变率两个重要因素。

海藻酸钠-丙烯酰胺-假酸浆复合水凝胶的动态实验结果在 4.4.5 节中已经展示过，下面使用式（6.51）对其进行拟合。由于不同溶液环境中的实验结果非常接近，因此这里仅以去离子水环境中的为例。

由于是同一种材料，所以仅与材料相关的参数 $\kappa\upsilon$ 是定值，实验时室温也无太大变化，可以认为是常数。体现轴向和径向水的有效作用面积相对变化规律的参数 k，与环境有着密切关系，因此可能会因环境不同而有较大波动。与应变率相关的参数 n 也很可能会因环境变化而变化，但变化幅度应较小，因为环境和应变率并未使应力-应变曲线的发展趋势改变。根据实验时试件与水面的距离，可计算出 $p_{0\,\text{dynamic}} = 0.72\ \text{kPa}$（溶液环境）。为了简单起见，此处先认为体积变化量 J 恒等于 1，这必然会降低一定的拟合效果，但这里仅作为拟合效果的示范展示，已经足够。

最终拟合出的参数列于表 6.2，拟合效果如图 6.3 所示。需要注意的是，第四章中的实验曲线为了方便观察应力和应变皆取了正值，而这里以拉为正、以压为负。虽然预测效果看起来比不上准静态条件下的，但考虑到动态实验的误差来源更多，实验结果本身离散度较高，图 6.3 的拟合效果已经可认为是良好的。若增加对材料体积变化的考虑，预测准确度可能还会有一定提高。

这个本构模型总共只拟合了三个参数，其中的 $\kappa\upsilon T$ 对同一材料来说是个常量，

与其他一些本构模型相比，具有需拟合参数少的优点。同时，它不仅考虑了材料的应变率效应，还考虑了溶液环境影响和加载失水效应。实际拟合效果良好，所以在实际应用中具有一定的优势。

表 6.2　根据海藻酸钠-丙烯酰胺-假酸浆复合水凝胶实验数据拟合的本构参数
（ $\dot{\varepsilon}=1\ 000\ \mathrm{s}^{-1}$、$\dot{\varepsilon}=2\ 000\ \mathrm{s}^{-1}$ ）

环境	k	n	$\kappa \upsilon T/(\mathrm{Pa \cdot K})$
溶液环境	−0.60	0.92	0.13
空气环境	−1.39	0.89	

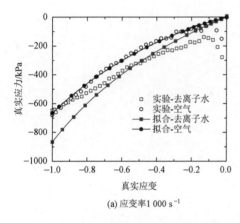
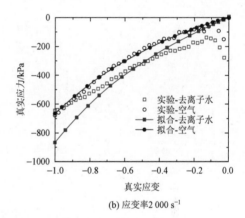

(a) 应变率1 000 s⁻¹　　　　　　　　　(b) 应变率2 000 s⁻¹

图 6.3　本构方程与海藻酸钠-丙烯酰胺-假酸浆复合水凝胶动态实验结果的拟合效果

参 考 文 献

冯元桢，2009. 连续介质力学初级教程[M]. 葛东云，陆明万，译. 北京：清华大学出版社.

Cai S Q，Suo Z G，2012. Equations of state for ideal elastomeric gels[J]. Europhysics Letters，97（3）：34009.

Flory P J，1953. Principles of Polymer Chemistry[M]. Ithaca，New York：Cornell University Press.

Flory P J，Rehner Jr J，1943. Statistical mechanics of cross-linked polymer networks I. Rubberlike elasticity[J]. The Journal of Chemical Physics，11：512-520.

Hong W，Zhao X H，Zhou J X，et al.，2008. A theory of coupled diffusion and large deformation in polymeric gels[J]. Journal of the Mechanics and Physics of Solids，56（5）：1779-1793.

Johnson G R，Cook W H，1983. A constitutive model and data for metals subjected to large strains，high strain rates and high temperatures[C]// Proceedings of the 7th International Symposium on Ballistics，The Hague，Netherlands，21（1）：541-547.

Wang J Y，Zhang Y R，Tang L Q，et al.，2023. Mechanical behavior and constitutive equations of porcine brain tissue considering both solution environment effect and strain rate effect [J]. Mechanics of Advanced Materials and Structures. DOI：10.1080/15376494.2022.2150917.

Xie B X，Xu P D，Tang L Q，et al.，2019. Dynamic mechanical properties of polyvinyl alcohol hydrogels measured by double-striker electromagnetic driving SHPB system[J]. International Journal of Applied Mechanics，11（2）：1950018.

Zhang Y R，Xu K J，Bai Y L，et al.，2018. Features of the volume change and a new constitutive equation of hydrogels under uniaxial compression[J]. Journal of the Mechanical Behavior of Biomedical Materials，85：181-187.

Zhang Y T，Zhang Y R，Tang L Q，et al.，2022. Uniaxial compression constitutive equations for saturated hydrogel combined water-expelled behavior with environmental factors and the size effect[J]. Mechanics of Advanced Materials and Structures，29（28）：7491-7502.